Barista Training

5개국 언어로 배우는

비리스타

한 국 어

영 어

방 글 라 데 시 어

네 팔 어

태 국 어

Barista Training

발간에 부쳐

● ● ●

　이주민과 함께하는 커피교실을 운영하면서 적당한 교재가 없어서 어려움이 많았습니다. 2016년 '함께일하는재단'과 '수출입은행'의 협력으로 《5개국 언어로 배우는 바리스타 교육 매뉴얼》 교재를 제작했습니다. 당시 많은 분들이 교재 제작을 위해 협력하였습니다. 까페외할머니 김헌래 대표님께서 교재를 기획했고, 트립티 박미성 상임이사님과 최정의팔 대표님께서 함께 감수했고, 임동숙 작가님께서 배우기 쉽도록 수많은 사진을 촬영해 주셨습니다. 또한 도서출판 동연 김영호 대표님께서 표지디자인 및 컨셉에 도움을 주셨습니다. 무엇보다도 전기 상황이 좋지 않은 가운데 번역해주신 네팔 트립티의 목탄 미놋 님, 바쁜 일상 가운데 밤을 새우며 번역해준 태국 트립티의 위치앙 님, 건강이 여의치 않은데도 빨리 번역해준 방글라데시의 띠뚜(한성민) 님, 제일 먼저 영어로 번역해서 다른 분들이 번역하도록 도움을 준 민하람 님 등 많은 분들이 협력하였습니다.

　《5개국 언어로 배우는 바리스타》는 피 교육을 위한 교재이기 때문에 변화하는 커피 관련 상황에 맞추어 보완할 필요가 있습니다. 현재 한국에서 가장 많이 바리스타 교육을 받고 있는 중국, 베트남 분들을 위해 중국어와 베트남어를 추가로 해서 내용도 조금 더 현실에 맞게 수정 보완하여 "7개국 언어로 배우는 바리스타 매뉴얼"을 제작하려고 기획 중입니다. 많은 부분을 수정 보완하려고 보니 시간이 많이 필요했습니다. 아직 출판이 진행되지 못한 가운데 수많은 이주민들로부터 바리스타 교육이 쇄도해서 급하게 트립티 자체적으로 추가 발간을 하지 않을 수가 없게 되었습니다.

　한국어가 서투른 분들에게, 또한 바리스타 교육에 잘 적응되지 못하는 분들에게 이 책이 좋은 교재가 되어 바리스타 교육을 잘 받을 수 있기를 진심으로 두 손 모아 원합니다.

2019년 10월

(주) 트립티 대표 **최정의팔**

차례 Contents

● ● ●

| 제8장 | 커피와 어울리는 사이드 메뉴

Chapter 8 The side dishes of Coffee

| 일러두기 |

본문의 각 언어별 색깔 구분은 아래와 같다.

(뱅갈어는 방글라데시에서 사용하는 언어이다.)

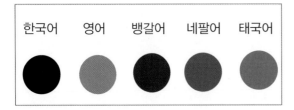

제1장 맛있는 커피

Chapter 1 Good Coffee

অধ্যায় ১- একটি ভাল মানের কফি

ভাগ ১ স্বাদিষ্ট কফী

ทบที่ 1 กาแฟดี

01.

맛있는 커피란?
Good coffee?
একটি ভাল মানের কফি?
미ঠো কফী ভনেকো কে হা?

กาแฟดี

1) 마시고 난 뒤 더 마시고 <u>싶은 마음</u>이 드는 커피

makes you want to drink more after finishing.

পান করার পরেও আপনাকে আরও পান করার জন্য তৃষ্ণার্ত করবে।

পিই সকে পছি অঙ্কৈ পিউন মন জগাউনে কফী

ทำให้คุณอยากกื่ อีกหลังจากที่จิบได้ ลองแล้ว

2) 마실 때 목 넘김이 편하고 차갑게 식어도 맛이 좋은 커피

is easy to consume and remains good even after it gets cold.

এটা খাওয়া অত্যন্ত সহজ এবং এটা ঠাণ্ডা হলেও ভাল থাকে।

পিউদা ঘাঁটীবাট সজিলৈ নিল্ন সকিনে র চিসো ভই সেলাএ পনি স্বাদ রাম্রো কফি

ที่ง่ายเพื่ออุณหภูมิลดเย็นลง

3) 좋은 쓴맛과 상큼한 신맛, 단맛의 여운이 감돌며 뒷맛이 개운하고 입안에 향기가 가득한 커피

has a good bitter taste, a fresh sour taste, and a sweet taste. The aftertaste should be refreshing and the smell of coffee should fill your mouth.

এর একটা তেতো সতেজ, টক এবং মিষ্টি স্বাদ আছে। এটা খাবার পর আপনাকে সতেজ করবে এর গন্ধ আপনার মুখ ভরে তুলবে।

मिठो तितो स्वाद र ताजा अमिलो स्वाद, गुलियो स्वादको प्रभाव मुखभरी आभाष गराउने, पिए पछि अन्तिम स्वाद सफा र मुख भित्र वास्नामय कफी

รสชาติกาแฟดีนั้นต้องมีรสชาติขมเปรี้ยวสดหวาน แ   ละควรมีกลิ่นหอมของกาแฟในขณะที่กินเข้าไป

※ <u>좋은 쓴맛이 나는 커피는 어떤 커피인가?</u>

What kind of coffee has a good bitter taste?

কি ধরনের কফির স্বাদ তেতো ?

<u>मिठो तितो स्वाद</u> आउने कफी चाहि कस्तो कफी होला?

ชนิดกาแฟที่มีรสชาติขมดียังไง?

- 마실 때 진하고 쓰지만 마실수록 부드러움이 느껴지는 커피

- When drinking it's bitter and strong but as you drink it softens.

- যখন এটা পান করা হয়, তখন এটা তেতো এবং কড়া কিন্তু খুবই ক্কামল ।

- पिउंदा गाढा र तितो भएता पनि पिउदै जादा सजिलो सफ्ट अनुभव हुने कफी

- เธอ)จะมีรสขมและแรง (แก่)ในขณะเดียวกันจะมีรสชาติขึ่มนวล

- 식을수록 쓴맛이 줄어들고 설탕을 넣었을 때 쓴맛이 감소하는 커피

- As it gets cold and when sugar is added the bitter taste should be reduced.

- যখন এটা ঠাণ্ডা এবং এতে চিনি মিশানো হয় তখন এর তেতো স্বাদটা কমে যায়।

- चिस्सीदै जादां तितोपन कम हुदै जाने र चिनी हाल्दा तितो स्वाद कम हुने कफी

- เธอได้รับความเย็นและความหวาน จะทำให้รสชาติขึ่มลดลง

4) 고급커피일수록 <u>상큼한 신맛</u>이 강하며 첫 모금은 쓰고 두 번째 모금부터 <u>신맛</u>과 함께 단맛도 난다.

A high quality coffee has a strong fresh sour taste but on the second sip you would also taste sweetness.

একটা কড়া স্বাদের কফি টক হয় কিন্তু এটা চুমুক দিতেই তা মিষ্টি মনে হয়।

मूल्यवान कफीमा **ताजा अमिलो स्वाद** बढी हुने र पहिलो घुटकी तितो र दोस्रो घुटकी देखि **अमिलो स्वादसँगै गुलियो स्वाद** पनि आउँछ ।

กาแฟที่มีคุณภาพมีรสเปรี้ยว เข้มข้น และสด...ถ้าได้จิบครั้ง งฟื้องจะมีรสชาติที่หวาน

5) 마시고 나면 뒷맛이 개운하고 마신 <u>커피잔에서는 달콤새콤한 향기</u>가 난다.

The cup would smell sweet and sour after drinking the coffee.

কফি পান করার পর কাপ থেকে টক এবং মিষ্টি ঘ্রাণ হর হবে।

पिए पश्चात पछिल्लो स्वाद ताजा र पिएको कफीको कप देखि गुलियो स्वादको वास्ना आउने गर्छ ।

แก้วจะมีกลิ่นหอม หวานและเปรี้ยวหลังจากดื่มกาแฟแล้ว

02.

맛있는 커피의 조건은?
What are the conditions of good coffee?
ভাল কফির শর্তাবলী কি কি?
स्वादिष्ट कफीको लागि चाहिने कुराहरु?
เงื่อนไขของกาแฟที่ดีคืออะไร?

1) 생두가 좋아야 한다. 생두는 <u>고산지대에서 재배한 수세식 아라비카</u> 커피가 가장 좋다. (수세식 – 커피체리를 물에 넣어 빨간 껍질과 펙틴(점액질)을 제거한 후 햇빛에 말린 커피)

You should have good beans. The best beans are processed arabican coffee grown from alpine region. (Processed coffee - Soak coffee cherries in water, remove the red peel, and dry it in sunlight)

এতে ভাল ভাল লতা থাকতে হবে। ভাল লতাগুলই আ্রাবিয়ান কফির জন্য প্রক্রিয়া করা হয় যাকিনা বড় বড় লতা থেকে সংগ্রহ করতে হয়। (কফি প্রক্রিয়াকরণ-নিষিক্ত কফি পানিতে লাল করা হয়, পানিতে লাল থাসা ছাড়ানো হয় এবং সূযেংরআলোতে শুখানো হয়)

গ্রীন বিন রাম্রো হুনু পর্দছ। গ্রীনবীন <u>উচ্চ পহাডী ভেগমা লগাএকা আরাবিকা</u> কফি সবै ভন্দা রাম্রো হুন্ছ। (কফি চেরীলাই পানীমা হালের রোগ লাগেকো অথবা হলু ো পানীমা তৈরিনে কফিলাই ফালের রাতো বোক্রা ফালে পশ্চাত ছায়া অনি ঘাম্মা সুকাএকো কফি)

เมล็ดกาแฟดีนั้น เป็นเมล็ดกาแฟดีเข้มซึ่งประมวลผลแล้วเป็นกาแฟอราบิก้าที่ปลูกเติบโตบนภูเขาแอลป์ (ถ้าแช่กาแฟเช อรู่ในนั้นะทำให้เปลือกออกง่าย จากนั้นเอาไปตากแดด)

2) 로스팅(Roasting : 볶기)을 잘 해야 한다.

You should roast well.

এটাকে ভালভাবে ভাঁজতে হয়।

Roasting : रोष्टि¨ राम्रो गर्नु पर्छ।

3) 신선하게 잘 보관해야 한다(되도록 낮은 온도에서 보관).

It should be kept fresh(In low temperature).

এটাকে সতেজ রাখতে হয়। (স্বল্পতাপমাত্রা)

ताजा हुने गरी **राम्रोसंग भण्डार** गर्नु पर्छ ।(सकेसम्म कम ताप भएको ठाउमा भण्डार)

ควรรักษาเมล็ดกาแฟให้สดอยู่เสมอ ด้วย(อุณหภูมิต่ำ)

4) 물에 녹는 향미를 추출하려면 기술이 있어야 한다. 누가 어떤 기구로 추출하느냐에 따라 커피 향이 달라진다. 같은 기구로 같은 조건에서 커피를 내려도 내리는 사람의 숙련도에 따라 커피 의 맛이 다르다.

You need skills to abstract flavor that melts in water. The smell changes depending on who and what tool they are using. And the taste also depends on their experience.

পানিতে মিশ্রনের পর এর থেকে ঘ্রাণ গ্রহ করার পারদর্শিংতাতোমার থাকতে হবে। ঘ্রাণের তারতম্য হয় কি ধরনের যন্ত্র ব্যহৃত হচ্ছে এর উপর। এর স্বাদ তাদের অভিজ্ঞ তারউপর ও নিশ্চে করে।

पानीमा स्वादिष्ट वास्ना रहने गरी कफी बनाउनको लागि **सिप** चाहिन्छ । कस्ले कस्तो **मेशिन**बाट कफी बनाउछ त्यही अनुसार कफीको स्वाद र वास्नामा फरकता हुनु आउछ ।

คุณควรมีทักษะในการรู้ถึงรสชาติที่ที่ความนุ่มนวลในน้ำ รสชาติเปลี่นนี้อยู่กับอุปกรณ์ที่ใช้แล้วก็ในการทำของบุคคลค นนี้

※ 퍼펙트 커피(100%)란 좋은 생두(70%) +적절한 로스팅(20%) + 알맞은 추출(10%)이 될 때라고 한다.

※ Perfect coffee is made of good coffee bean (70%) + adequate roasting (20%) + suitable extraction (10%)

※ একটা উৎকৃষ্ট মানের কফিতে নিশ্চে করে – (ভাল লতা ৭০% + পযংপ্রশুকনো + ভালভাবে

उत्पाटन बा छाड़ानो १०%)

※ परफेक्ट कफी (१००%) भनेको राम्रो ग्रीन बीन (७०%), + ठिक मिल्ने रोष्टि¨ कार्य(२०%) + सुहाउदो तार्ने कार्य (१०%) मिल्दा हुन्छ भनिन्छ ।

※ กาแฟที่เหมาะที่จากเมล็ด   กาแฟดี (70%) + อบเพียง (20%) + การสกัดความเหมาะสม (10%)

03.

커피 이렇게 즐기자!!!
Enjoy coffee...
কফি উপভোগ কর...
कफीको मज्जा यसरी लिऔं ।
จิบกาแฟ ...

1) 시각으로 즐겨라.

with your eyes.

চোখ দিয়ে।

दृष्टिगत रुपले मज्जा लिऔं । हेरेर मज्जा लिऔं ।

ด้วยตาของคุณ

2) 향을 느껴라.

by feeling the smell.

ঘ্রাণ অনুভব করে।

वास्नाको मज्जा लिऔं ।

ด้วยความรู้สึกกลิ่น

3) 혓바닥에서 맛과 향을 느껴라.

by feeling the taste and smell with your tongue.

জিহ্বর মাধ্যম এর স্বাদ ও ঘ্রাণ অনুভব করও।

जिब्रो देखिनै स्वाद र वास्नाको महशुश गरौं ।

ด้วยความรู้สึกถึงรสชาติและกลิ่นด้วยลิ้นของคุณ

14

4) 삼킨 후 <u>남는 향미와 맛을</u> 느껴라.

by feeling the taste and smell after swallowing.

গিলে এর ঘ্রান এবং স্বাদ অনুভব করতে হবে।

निले पश्चात <u>बाकी भएको वास्ना र स्वादलाई</u> महशुश गरौं ।

ด้วยความรู้สึกรสชาติและกลิ่นที่ยังหลงเหลืออยู่

5) 마신 후 <u>코로 올라오는 향을</u> 느껴라.

by feeling the smell coming up your nose after drinking.

নাকের দিকে আগত ঘ্রাণ নিয়ে উপভোগ করা।

पिई सके पश्चात <u>नाकमा आउने वास्नालाई</u> महशुश गरौं ।

ด้วยความรู้สึกกลิ่นที่ขึ้นมาในจมูกของคุณหลังจากดื่ม

"커피는 지옥처럼 검고 죽음처럼 강하며 사랑처럼 달콤하다."(터키 속담)

"Coffee should be Black as hell, Strong as death, Sweet as love."(Turkish Proverb)

"কফি হওয়া উচিত জাহান্নামের মত কাল, মৃত্যু মত কঠিন, ভালবাসার মত মধুর"(তুর্কি প্রবাদ)

"कफी नर्क जस्तै कालो र मरण जत्तिकै कडा र माया जत्तिकै सुगन्धीत हुन्छ ।"(टर्की उखान)

กาแฟควรมีสีดำเช่นเดียวกับนรกภูมิ เข้มฉกการมรณา และหวานดั่งความรัก

15

04.

커피의 신선도와 보관법
How to keep coffee fresh
কিভাবে কফি সতেজ রাখা যায়?
कफीको ताजापन र भण्डार गर्ने गरिका
วิธีการรักษาความสดของกาแฟ

1) 볶은 커피의 상태

The condition of the roasted coffee

কফি ভাজার কৌশল

भुटेको कफीको अवस्था

สภาพของกาแฟคั่ว

(1) 커피 생두의 조직이 열에 의해 파괴된 상태 - 벌집처럼 다공질로 이뤄짐

State when the heat destroys the tissue of the coffee bean - composed like a beehive

কফির লতার তন্তুগুলো যখন আঁশ – আঁশ হবে তখন একে মৌচাকের মত করে সাজাতে হবে।

कफीको ग्रीन बीन तापको कारण विग्रिएको अवस्था मौरीको घर जस्तै गरी बनेको हुन्छ ।

เมื่อถูกความร้อนทำลายเนื้อของเมล็ดกาแฟส่วนประกอบเหมือนรังผึ้ง

(2) 공기 중의 산소나 습기에 민감, 햇빛에 노출되면 변화가 심함

Sensitive to oxygen and moisture and changes when exposed to sunlight

এটা আদ্রতা ও অক্সিজেন এ খুবই স্প শংকাতরএবং এটা সূযেংরআলোতে আনলে পরিবরর্ত হয়।

हावामा रहेको अक्सिजन तथा आर्दता देखि विशेष प्रभावित हुने , सिधै घाममा राख्यो भने पनि प्रभावित हुने

ไวต่อออกซิเจนและความชื้นและการเปลี่ยนแปลงเมื่อถูกแสงแดด

(3) 알맞은 보관 장소 - 건조하고 차가우며 햇빛이 들지 않는 곳(건냉암소)

Proper storage place - Dry and cold place where it's away from sunlight.

যথাযত সংরক্ষনের স্থান - সূযেংরআলো থেকে দূরে ঠাণ্ডা ও শুখনো জায়গা।

सुहाउदो भण्डारण स्थल - सुख्खा र चिसो भएको साथै घाम नहुने ठाउ

สถานที่เก็บที่หมาะสม - ที่แห้งและเย็นและห่างจากแสงแดด

2) 원두커피의 신선도를 알아내는 방법

How to find out the freshness of coffee.

কিভাবে কফির সতেজতা স্থর করা যায়

ताजा ग्रीन बीन चिन्ने तरिका

วิธีการหาความสดของกาแฟ

(1) 후각으로 구별하기

To distinguish by smell

ঘ্রানের মাধ্যমে আলাদাকরণ।

गन्धले पत्ता लगाउने

แยกความแตกต่างโดย กลิ่น

① 우수한 품종의 커피는 향 성분이 많다. 신선한 커피는 향긋하다.

An excellent kind of coffee has many fragrance ingredient.

একটি উৎকৃষ্টমানের কফির নানা ধরনের সুগন্ধ আছে।

उत्तम गुणस्तरीय कफी सुगन्धीत तत्व धेरै हुने । ताजा कफी चाहि सुगन्धीत हुने ।

ชนิดกาแฟที่ดีนั้นจะมีกลิ่นที่หอมหลากหลายอยู่ด้วยกัน

② 오래된 커피는 냄새가 적고 담배냄새와 비슷한 향이 난다.

Old coffee smells only a little and is similar to cigarette.

পুরাতন কফির ঘ্রান সিগারেটের মত খুব কম।

पुरानो कफी गन्ध कम हुने चुरोटको जस्तै गन्ध आउने ।

กาแฟเก่าจะมีกลิ่นไม่มากนักและมีลักษณะกลิ่นคล้ายกับบุหรี่

③ 신선한 커피를 분쇄하면 5분 뒤에는 휘발성 향 물질의 50% 이상이 사라진다.

Over 50% volatile aroma disappears when you grind fresh coffee for 5 minutes.

সতেজ কফি ৫ মিনিট ঘষংণেরফুলে ৫০% এর ৰাশি ঘ্রান উরে যায়

ताजा कफी पिन्यो भने ५ मिनेट पश्चात उडेर जाने वास्नाको पद्धार्थको ५० प्रतिशत भन्दा बढी हटेर जान्छ ।

มากกว่า 50% กลิ่นหอมจะระเหยหายไปเมื่อบดกาแฟสดเป็นเวลา 5 นาที

(2) 시각으로 구별하기

To distinguish by sight

বহিঙ্কা বিভক্ত করণ

हेरेर छुट्याउने

แยกความแตกต่างด้วยสายตา

① 신선한 커피는 핸드드립을 할 때 수국꽃이나 빵처럼 부풀어 오른다.

Fresh coffee inflates like hydrangea flower or bread when hand dripped.

একটা কফি Hydrangea ফুলের মত ফুলে থাকে অথবা ছিড়ে ফুললে হাত ধেকে ফোটায় ফোটায় পরে যায়।

ताजा कफी चाहि हेण्डड्रि«प गर्दा ब्रेड जस्तै गरी फुल्लिएर आंउछ ।

กาแฟที่สดพองเหมือนดอกไม้ไฮเดรนเยียหรือขนมปังเมื่อทำกาแฟด้วยมือหรือเรียกว่า hand drip

② 분쇄 후 3시간이 지나면 팽창하는 현상이 많이 줄어든다.

Expansion reduces a lot after 3 hours of gridding.

৩ ঘন্টা ঝাঝানর পর এর আকার অনেকটাই হ্রাস পায়।

पिनेको ३ घण्टा कट्यो भने बढ्ने अवस्था धेरै कम हुन्छ ।

ขยายตัวลดอย่างมากหลังจาก 3 ชั่โมงของการบด

③ 오래된 커피는 뜨거운 물을 부어도 전혀 부풀지 않는다.

Old coffee wouldn't inflate even after you pour hot water.

পুরাতন কফি ফুলানো যায় না এমনকি গরম পানির জন্ঠ নয়।

पुरानो कफी चाहि तातो पानीमा हाले पनि कत्ति पनि फुल्लिएर आउदैन ।

กาแฟเก่าจะไม่ขยายตัวหลังจากที่เทน้ำร้อน

(3) 미각으로 구별하기

To distinguish by taste

সাধের দ্বারা বিভক্ত করণ

स्वादले छुट्याउने

แยกโดยรสชาติ

① 신선한 커피는 입 안에서 상쾌한 향이 퍼진다.

Refreshing scent spreads when tasting a fresh coffee.

যখন সতেজ কফি খাওয়া হয় তখন মনকরা ঘ্রান ছর হয়।

ताजा कफी चाहि मुख भित्र ताजा सुगन्ध फैलन्छ ।

กลิ่นที่สดชื่นจะออกมาเมื่อชิมกาแฟที่สด

② 오래된 커피는 담배냄새와 유사한 냄새가 나고 불쾌한 신맛과 쓴맛이 남는다.

Old coffee remains an unpleasant sour and bitter smelling odor similar to tobacco.

পুরাতন কফি খুবই অনুপভোগ্য যাকিনা গন্ধ তামাকের মত।

पुरानो कफी चाहि चुरोटको गन्ध जस्तै गन्ध आउने र बेस्वादिलो अमिलो स्वाद र तितो स्वादको महशुश गराउछ ।

③ 미각은 훈련을 거듭하면 나아지므로 꾸준히 노력하는 자세가 필요하다.

Consistent training is needed because it gets better and better.

এটা ভাল থেকে ভাল পাবার জন্য ধারাবাহিক প্রশিক্ষন দরকার।

स्वादिष्ट स्वाद बनाउनको निमित्त लगातार अभ्यास र कोशिश गर्ने मनस्थितीको आवश्यकता चाहिन्छ ।

การฝึกอย่างสม่ำเสมอเป็นสิ่งจำเป็นเพราะจะทำให้พัฒนาฝีมือดีขึ้น

(4) 통각으로 구별하기

To distinguish by pain

ক্ষতিকারক দিক

महशशले छुट्याउने

แยกแยะความแตกต่างโดยความเจ็บปวด

① 오래된 커피나 맛없게 볶은 커피를 마시면 배가 살살 아프기도 한다(향 성분과 지방
산이 산화 또는 산패하여 좋지 않은 물질이 생성됨).

Coffee roasted badly and old coffee would give stomachaches. (Bad substances
would form when fatty acids and aroma component goes through oxidation or
acidification)

কফি যদি খারাপভাবে ভাজা হয় তবে এতে পেটের পিড়া হয়। (খারাপ অবস্থা ধারন করতে পারে
যখন এসিড ও দুগংন্ধ Oxidation অথবা Acidification এর মাধ্যমে হয়)

पुरानो कफी अथवा मिठास नआउने गरी भुटेको कफी पियो भने पेट विस्तारै दुख्ने गर्दछ।

กาแฟที่ไม่ดีและกาแฟเก่าจะทำให้ปวดท้อง

② 맛없게 볶은 커피는 커피가 지닌 고유의 향이 거의 나지 않는다.

Badly roasted coffee doesn't have the unique smell of coffee.

খুব খারাপ করে ঝলসানো কফির অসাধারণ ঘ্রাণটা পাওয়া যায় না।

मिठास नहुने गरी भुटेको कफीमा चाहि कफीमा हुनु पर्ने वास्तविक वास्ना खासै आउदैन।

กาแฟคั่วที่ไม่ดีจะไม่มีกลิ่นที่เป็นเอกลักษณ์ของกาแฟ

3) 원두커피의 제조일자와 유통기한

The manufacture date and expiration date of brewed coffee.

প্রস্তুতকৃত কফির উৎপাদন ও ম্যয়াদ উত্তীণংসময়

भुटेको कफी उत्पादन मिती र उपभोग अवधि

วันที่ผลิตและวันหมดอายุของกาแฟ

(1) 원두커피가 향을 유지하는 기간은 볶은 날로부터 약 2주 정도이다.

The coffee keeps its aroma about 2 weeks from the day roasted.

কফি ভাজার পর দুই সপ্তাহ পযংন্তএর ঘ্রাণ থাকে।

भुटेको कफीको वास्नालाई यथावत राख्न सकिने अवधि भनेको चाहि भुटेको दिन देखि भण्डै २ हप्ता जति हुन्छ ।

กาแฟช่วยให้กลิ่นหอมประมาณ 2 สัปดาห์นับจากวันที่คั่ว

(2) 백화점이나 할인매장의 경우 볶은 지 3개월 이내의 제품은 거의 찾아보기 힘들다.

It is almost hard to find coffee roasted within 3 months in department stores or discount stores.

কফি ভাজার তিন সপ্তাহের মধ্যে একে স্ক্যান Department Stores অথবা Discount Stores এ পাওয়া খুবই কঠিন।

डिर्पाटमैण्टस्टोर अथवा मार्केटमा राखिने भुटेको कफीहरुमा भुटेको ३ महिना भित्रको कफी पाउन गाह्रो हुन्छ ।

เป็นเรื่องยากที่จะหากาแฟคั่วภายใน 3 เดือนในห้างสรรพสินค้าหรือร้านค้าส่วนลด

(3) 아로마 밸브 - 휘발성 향 물질과 탄산가스를 배출하기 위해 커피포장 용기에 있는 밸브

Aroma valve - Valves in the coffee package in order to discharge the volatile flavor substances and the carbon dioxide.

সুবাস সংরক্ষণ – কফি প্যাকেটজাত করা হয় এর ঘ্রাণ সংরক্ষনের জন্য এবং এ থেকে কাবংন্ডাই-অক্সাইড দূর করার জন্য।

आरोमा भेल्व — उडेर जाने वास्नाको पढार्थलाई निक्लन दिनको लागि कफी प्याकेटमा भएको भेल्व

วาล์วAroma – วาล์วบรรจุกาแฟเพื่อที่จะปล่อยสารระเหยและรสชาติก๊าซคาร์บอนไดออกไซด์

4) 원두커피는 어떻게 보관하면 좋을까?

How should we keep brewed coffee?

প্রস্তুতকৃত কফি কিভাবে রাখা উচিত?

भुटेको कफीलाई कसरी भण्डार गरे राम्रो होला?

เราควรเก็บกาแฟด้วยวิธีอย่างไร

(1) 장기간 보관하면 커피의 향미를 빼앗는 원인이 된다.

Long - term storage will cause the flavor of coffee to disappear.

কফি লম্বা সময় ধরে সংরক্ষণ করলে এর ঘ্রাণ চলে যায়।

लामो समयसम्म भण्डार गर्‍यो भने कफीको स्वाद हराउने हुन्छ ।

ถ้าเราเก็บกาแฟไว้นานอาจทำให้กลิ่นของกาแฟหายไป

(2) 커피의 향 성분은 공기 중에 노출되면 산소와 결합하여 산화된다.

When the coffee aroma components are exposed in air it will combine with oxygen and will oxidize.

কফির ঘ্রাণ বাতাসে মিশলে এটা অক্সিজেন এর সাথে মিশে অক্সাইড তৈরি করবে।

कफीको वास्ना आउने पद्धार्थ जुन हो त्यो हावामा घुम्मिल भयो भने अक्सिजनसंग मिली प्रज्वलनमय ग्यांस बन्दछ ।

เมื่อเปิดกาแฟกลิ่นหอมขอมของกาแฟจะออกไปรวมกับกับออกซิเจนและจะออกซิไดช์ กลิ่นหอมกาแฟ

(3) 습도가 많으면 수분이 향 성분을 밀어내고 수분이 그 자리를 차지하게 된다.

When humidity is high, moisture will push out the flavor components and will take place instead.

আদ্রতা বেশি থাকলে এটা ঘ্রানের উপাদানগুলো দূর করে দিয়ে এর জায়গা দখল করে নয় ।

आर्दता(ओसिलो) धेरै भयो भने पानीको मात्राले वास्नाको पद्धार्थलाई धकेलेर त्यो ठांउलाई पानीको मात्राले ओगट्छ ।

เมื่อมีความชื้นสูงความชื้นจะผลักดันออกซิส่วนกลิ่นรสและจะใช้สถานแทน

(4) 온도를 10도 낮추면 저장기간이 2.3배 늘어난다.

The storage period increases 2.3 times when you lower the temperature to 10 degrees.

১০ ডিগ্রির নিচে এর সংরক্ষণ ক্ষমতা ২.৩ গুন বেড়ে যায়।

भण्डारण गर्ने स्थानको तापक्रम १० डिग्री जति बनायो भने भण्डार अवधिलाई २.३ दोब्बर बढाउन सकिन्छ ।

ระยะเวลาการเก็บเพิ่มขึ้น2.3เท่าเมื่อลดอุณหภูมิถึง 10 องศา

(5) 공기와 습기를 피하고 차고 어두운 곳에 보관하는 것이 가장 좋다.

It is best to store in a dark and cold place and avoid air and moisture.

বাতস ও আদ্রতা থেকে দূরে অন্ধকার ও ঠাণ্ডা জায়গায় সংরক্ষণ করা সবেংত্তম

हावा र ओसिलो हुनबाट बचाएर चिसो र अध्यांरो ठांउमा भण्डार गर्नु अति उचित हुन्छ ।

ที่ดีที่สุดคือการจัดเก็บกาแฟในที่มืดและเย็นและหลีกเลี่ยงอากาศและความชื้น

(6) 냉동보관하면 냉동과 해동이 반복되어 커피 맛이 급속도로 변질된다.

If coffee is frozen, freezing and thawing will repeat and the flavor will alter dramatically.

যদি কফি হিমায়িত করা, জমানো হয় তবে গলিত বরফ এর ঘ্রাণ নাটকীয় ভাবে পরিবঞ্চ করবে।

कोल्ड स्टोरमा भण्डार गर्यो भने चिसो र तातो हुने प्रकृया भई राख्ने भएकोले कफीको स्वादमा चाडै नराम्रो असर पर्छ ।

หากกาแฟถูกแช่แข็งและละลายจะทำซ้ำและกลิ่นรสจะเปลี่ยนไปอย่างมาก

제2장 에스프레소 커피

Chapter 2 Espresso Coffee

Chapter 2 Espresso কি?

भाग २ एसप्रेसो कफी

เอสเพรสโซ่กาแฟ

01.

에스프레소(espresso)란?(이탈리아가 원조)
What is espresso?
Espresso কি?
এসপ্রেসো ভনেকো কে হো? (ইটালি যসকো উত্পত্তী)
เอสเพรสโซคืออะไร?

1) press, 커피에 공급하는 물에 힘을 가하여

Press, applying force to the water supply.

পানির প্রবাহে বল প্রয়গ করা অথবা চাপা।

प्रेस , कफीमा दिईने पानीको चापले

ใช้แรงอัดไอน้ำหรือน้ำร้อนผ่านเมล็ดกาแฟคั่วที่บดละเอียด

2) express, 커피에서 물에 녹는 성분을 빠르게 추출하고

Express, quickly extracting ingredients soluble in water.

এর উপাদানগুলো দ্রুততর করে পানিতে দ্রবন করা।

एक्सप्रेस, पानीमा घोलिदै जाने कफीलाई छिटो निकालेर (फारेर)

เร่งด่วน การสกัดกาแฟในน้ำร้อนอย่างรวดเร็ว

3) 고객의 주문대로 만들어낸 커피

Something prepared especially for you

আপনার জন্য কিছু বিশেষভাবে প্রস্তুত করা হয়েছে।

पाहुनाको अर्डर अनुसार बनाईने कफी

สิ่งที่เตรียมไว้โดยเฉพาะสำหรับคุณ

02.

이상적인 에스프레소의 맛
An ideal taste of espresso
Espresso এর আদর্শ স্বাদ
स्वादिष्ट एस्प्रेस्सोको स्वाद
รสชาติที่เหมาะของเอสเพรสโซ

1) 농도가 진한 것이지 맛이 쓴 것은 아니다.

It's not bitter, the density is thick.

এটা তিঁতো নয় এবং খুব ঘন।

घोलाई बाक्लो भएको हो स्वाद तितो चाहि होईन ।

ไม่ขม ความหนาแน่นขึ้น

2) 좋은 쓴 맛은 쌉쌀하면서도 입안에서 금방 사라지며, 쓴맛이 단맛의 여운으로 변하고 식을수
록 쓴맛이 줄어든다.

A good bitter taste is slightly bitter but soon disappears from the mouth. The bitter
taste changes to a sweet aftertaste and as it gets colder bitterness decreases.

এতে মৃদু তিঁতো দাদ পাওয়া যায় কিন্তু খুব দ্রুতই এর তিঁতো দাদ মুখ থেকে দূর হয়ে যায়। পরবর্তীত
তিঁতো দাদ মিষ্টি দাদে পরিবর্তিত হয়।

मिठो तितो स्वाद चाहि तितो तितो भएता पनि मुख भित्र त्यो तितोपन क्षणभरमै हराएर जान्छ र त्यो तितो स्वाद
गुलियो स्वादमा परिणत भई सेलाउदै जांदा तितो स्वाद कम हुदै जान्छ ।

รสชาติกาแฟที่ดีนั้นคือ เมื่อเราชิมแล้วจะขมเพียงเล็กน้อยแล้วความขมจะค่อยๆหายไป ในปาก ความขมจะเปลี่ยนเป็นความห
วานเมื่ออยู่ในลำคอ และเย็นลงความขมก็จะลดลง

3) 에스프레소를 마시고 나면 쌉쌀하고 약간 새콤하며 입안에 가득 차오르는 깊은 맛인 바디가 풍부해야 한다.

After drinking espresso it should be slightly bitter and sour and a rich taste should fill the mouth.

Espresso পান করার পর হাল্কা টক ও তিক্ত দাদ পাওয়া যায় কিন্তু দারুন দাদে মুখ ভরে যায়।

एस्प्रेसो पियो भने तितो तितो हुने र अलिक अमिलो अमिलो हुन्छ र मुख भित्र महशुश गराई रहने स्वाद जस्लाई 'Body' भन्छौ त्यो बढी नै हुनु पर्दछ।

หลังจากที่ดื่มเอสเพรสโซมันควรจะมีรสชาติขมเล็กน้อย เปรี้ยว และรสชาติที่หลากหลาย ตอนอยู่ในปากคุณ

03.

원액으로 즐기는 에스프레소 커피
Enjoying original espresso coffee
আসল Espresso কফি উপভোগ
लिक्युईडमै मज्जा लिने एस्प्रेस्सो कफी
สนุกกับการชงกาแฟเอสเพรสโซแบบดั้งเดิม

1) 솔로 solo/single shot : 에스프레소 커피 한 잔을 뽑은 것

solo/single shot : Pulling one shot of espresso.

Solo/Single shot : এক টুকরো Espresso নিয়ে।

solo/single shot : एस्प्रेस्सो कफी एक कप मात्रै निकालेर बनाईने कफी

เดียว / ช็อท เดียว : 1 ช็อทของเอสเพรสโซ

2) 도피오 doppio/double shot : 에스프레소 커피를 두 잔 뽑은 것

doppio/double shot : Pulling 2 shots of espresso

Doppio/Double shot : দুই টুকরো Espresso নিয়ে।

doppio/double shot : एस्प्रेस्सो कफी दुई कपमा निकालेर बनाईने कफी

คู่/สองช็อท : 2 ช็อทของเอสเพรสโซ

3) 트리플 triple : 에스프레소 커피 세 잔을 뽑은 것

triple : Pulling 3 shots of espresso

Triple : তিন টুকরো Espresso নিয়ে।

triple : एस्प्रेस्सो कफी तिन कप निकालेर बनाईने कफी

สามเท่า : 3 ช็อทของเอสเพรสโซ

4) 리스트레토 ristretto/restrict : 가장 진한 커피로 도피오를 한 잔 반 추출한 커피

ristretto/restrict : A very strong coffee, pulling one and a half dopio shot

Ristretto/Restrict : একটি গারও কফি, দড় টুকরো Dopio নিয়ে।

रिस्ट्रेटो ristretto/restrict : सबैभन्दा कडा कफिको रुपमा डोप्पिओलाई साढे एक कप हुने गरी निकाल्ने कफी

ristretto/จำกัด : เป็นกาแฟที่เข้มข้นมากเป็น กาแฟ Espresso ครึ่ง shot

5) 룽고 lungo/long : 에스프레소를 길게 뽑은 것

lungo/long : A shot with much more water

Lungo/Long : অনেক পানি নিয়ে।

लुंगो lungo/long : एस्प्रेसोलाई समय लिएर लामो गरी निकालेर बनाईने कफी

รันโก/ยาว : ในช็อทจะมีน้ำมาก

6) 아메리카노 Americano : 에스프레소 커피 한 잔에 물을 많이 부어서 연하게 만든 것

Americano : Adding a lot of hot water to espresso.

Americano : Espresso এর মধ্যে অনেক গরম পানি যুক্ত করে।

अमेरिकानो Americano : एस्प्रेसो कफी एक कपमा पानी धेरै हाली पातलो गरी बनाईने कफी

อาเมริกาโน : จะมีน้ำร้อนมากผสมกับเอสเพรสโซ

여러 재료를 가미한 에스프레소 커피
Espresso coffee flavored with various ingredients
বিভিন্ন উপাদানের মাধ্যমে Espresso কফির ঘ্রাণ তৈরি
विभिन्न सामाग्रीहरुको मिसाईवटमा बनाईएको एस्प्रेस्सो कफी
กาแฟเอสเพรสโซจะมีรสชาติที่หลากหลายผสมเข้าอยู่ด้วยกัน

커피 메뉴의 대부분은 에스프레소를 기본으로 활용하여 만든다. 에스프레소 도피오, 에스프레소 마키야또, 에스프레소 콘파나, 카푸치노, 카페모카, 카라멜 마키야또, 아포가또, 프라푸치노, 카페라떼, 카페 브리브, 플랫 화이트, 비엔나커피, 아메리카노 등이다. 헤이즐넛, 드립커피, 더치커피 등은 에스프레소처럼 직접 원두를 이용해서 만든다.

Most of the menu is made by utilizing the espresso as the basic ingredient. Some are espresso Doppio, Espresso Macchiato, Espresso Con panna, Cappuccino, Caffe mocha, Caramel Macchiato, Affogato, Frappuccino, Caffe late, Caffe breve, Flat white, Vienna coffee, Americano. Hazelnut, drip coffee, and dutch coffee are made using beans directly like espresso.

Espresso কফির মনু কিছু মৌলিক উপাদান দ্বারা তৈরি। এর মধ্যে espresso Dopio, Espresso Macchiato, Espresso Con panna, Cappuccino, Caffe Mocha, Caramel Macchiato, Affogato, Frappuccino, Caffe late, Caffebreve, Flat white, Vienna coffee, Americano. Hazelnut, Drip coffee, and Dutch coffee- Espresso কফির মত সরাসরি লতা দিয়ে তৈরি।

कफीको मेनुहरुमा चाहि प्राय एस्प्रेस्सोलाई प्रयोग गरी बनाईन्छ । एस्प्रेस्सो डोपिओ, एस्प्रेस्सो माकियाटो, एस्प्रेस्सो कोन्पाना, काफ्फुचिनो, काफे मोका, कारामेल, माचियातो, एफोगाटो, प्रापुचिनो, काफेलात्ते, काफे बुरिप, फ्लेट हवाईट, भियना कफी, अमेरिकानो, आदिहरु छन् । हेजुल्नट,डि≪प कफी, डच कफी आदि चाहि एस्प्रेस्सो जस्तै कफीलाई प्रयोग गरी बनाईन्छ ।

พื้นฐานโดยส่วนใหญ่แล้วในเมนูต่างๆมีมีเอสเพรสโซผสมอยู่ด้วย บ้างก็จะมี เอสเพรสโซ Dopio, เอสเพรสโซ่Macchiato, เอสเพรสโซ่Con Panna คาปูชิโน, กาแฟมอคค่า, คารามลมาชิอาโต้, อัฟกาโต้, Frappuccino, Caffelate, Caffe

Breve, Flatขาว, กาแฟเวียนนาแบน, อาเมริกาโน่เฮเซลนัท, กาแฟหยดและกาแฟลัตช์จะทำโดยใช้เมล็ดกาแฟโดยตรงเหมือนเอสเพรสโซ

1) 카페라떼 : 에스프레소 커피에 거품우유를 넣은 커피

caffe latte - made with espresso and steamed milk

Caffe latte - Espresso এবং বাষ্পীভূতদুধ দিয়ে ত্তরি।

एस्प्रेस्सो कफीमा फिंजीलो दुध हालेको कफी हो ।

กาแฟลาเต้ – ทำโดยใช้เอสเพรสโซและตีมนมใส่

2) 카푸치노 : 에스프레소, 뜨거운 우유 거품으로 만드는 이탈리아식 커피

cappuccino - Italian coffee made with espresso and hot steamed milk

Cappuccino - Italian coffee, espresso এবং উষ্ণ দুধ দিয়ে ত্তরি।

एस्प्रेस्सो, तातो दुधको फिंजबाट बनाईने ईटाली पाराको कफी हो ।

คาปูชิโน่ – อิตาเลียนคอฟฟีทำโดยใช้เอสเพรสโซและตีฟองนมใส่

3) 카페모카 : 에스프레소에 초콜릿 시럽을 넣고 휘핑크림을 얹은 커피

caffe mocha - made with espresso, chocolate syrup, and whipped cream

Caffe mocha - Espresso, chocolate এর রস, এবং কষান ননি দিয়ে ত্তরি।

एस्प्रेस्सोमा चक्लेटको लिक्विड हालेर हवीपी¨ क्रीम राखेको कफी हो ।

มอคค่า – ทำโดยใช้เอสเพรสโซ, น้ำเชื่อมช็อกโกแล็ต, และวิปปิ้ครีม

4) 모카치노 : 카푸치노에 초콜릿 시럽을 넣은 커피

mochaccino - chocolate syrup added in cappuccino

Mochaccino - Chocolate syrup added in cappuccino

काफुचिनोमा चक्लेटको लिक्विड हालेको कफी हो ।

มอคคาชิโน่ – ใส่น้ำเชื่อมช็อกโกแล็ตลงไปในคาปูชิโน่

5) 콘파나 : 에스프레소 커피에 휘핑크림을 얹은 커피

con panna - espresso coffee with whipping cream

Con panna - Espresso coffee কষান ননি দিয়ে স্কুরি।

एस्प्रेस्सो कफीमा ह्वीपी" क्रीम राखेर बनाएको कफी हो ।

คอนพานา – กาแฟเอสเพรสโซ่กับ วิปปิ้งครีม

6) 카페 비엔나 : 에스프레소 커피에 물 붓고 그 위에 휘핑크림을 얹은 커피

caffe Vienna - made with espresso with water and whipping cream

Caffe Vienna - Espresso with পানি এবং কষান ননি দিয়ে স্কুরি।

एस्प्रेस्सो कफीमा पानी हालेर त्यस माथि ह्वीपी" क्रीम राखेर बनाएको कफी हो ।

กาแฟเวียนนา – ทำโดยใช้เอสเพรสโซ่กับน้ำและวิปปิ้งครีม

7) 아포가또 : 바닐라 아이스크림 위에 에스프레소 커피를 싱글샷으로 얹은 커피

affogato - pouring espresso single shot on vanilla ice cream

Affogato – এক প্রচেষ্টায় espresso, vanilla ice cream এ ঢালা।

भेनिला आईक्रिम माथि एस्प्रेस्सो कफी सि"गल सटलाई राखि बनाएको कफी हो ।

อัฟกาโต้ – เทเอสเพรสโซ 1 ช็อท บนไอศครีมวานิลา

8) 마키야또 : 우유 거품 위에 에스프레소 커피를 부은 커피

machiatto - pouring espresso coffee on steamed milk

Machiatto - espresso coffee বাষ্পীয়দুধ এ ঢালা।

दुधको फिंज माथि एस्प्रेस्सो कफी हालेर बनाएको कफी हो ।

มาสซิอาโต้ – ตีฟองนมแล้วเทใส่ลงบนเอสเพรสโซ

커피종류 কফির ধরণ	이미지 চিত্র	성분 분석 উপাদান বিশ্লেষণ
에스프레소 Espresso एस्प्रेसो		높은 압력을 가해 빠르게 추출한 커피 Coffee brewed by forcing a small amount of hot water under pressure. The coffee is strong with less caffeine. It's used as the basis for most of the coffee. কফি পানান বা চালাই করা হয় গরম পানিতে চাপ প্রয়গ করে। মৃদু Caffeine এ কফি খুব গারো হয়। এটি ্রশিরভাগ কফির মতই ব্ক্ষরহত হয়। उच्च चाप दिई छिटो निकाल्ने कफी ชงกาแฟ โดยต้องใช้น้ำร้อนเพียงเล็กน้อยภายใต้แรงกดดัน กาแฟจะเข้มข้น และมีคาเฟอีนน้อย โดยส่วนใหญ่กาแฟก็เป็นแบบนี้
에스프레소 도피오 Espresso Doppio एस्प्रेसो डोपिओ		에스프레소 더블에 해당하는 아주 진한 커피 Very strong coffee relevant to an espresso double shot গাঢ কফি Espresso double shot এর সাথে সম্প ব্ষ্ুক্ত एस्प्रेसो डबल जस्तै एकदमै कडा कफी กาแฟทีวเข้าเข้นมากๆ เหมือนมีกาแฟ2 ชื่อทรวมกัน
에스프레소 콘파나 Espresso con Panna एस्प्रेसो कोन्पाना		에스프레소커피+휘핑크림을 얹은 것 Whipping cream added to espresso. Coffee enjoyed with strong espresso smell and soft whipping cream. Espresso ত কষান ননি ্মাগ করা হয়। এই কফি কষান ননি ও Espresso এর গাণ দ্বারা উপভোগ্য। एस्प्रेसो कफी ह्वीपी" क्रीम วิปปิ้งครีม ใส่ลงบนเอสเพรสโซ เป็นกาแฟทีวเข้มข้น รวมกับความนุ่มนวลของวิปปิ้งครีม

에스프레소 마키야또 Espresso Macchiato एस्प्रेस्सोमाकायाटो		에스프레소에 약간의 거품 우유를 얹은 커피 Some steamed milk added to espresso কিছু বাষ্পীভূতদুধ Espresso ত যুক্ত করা হয়। एस्प्रेस्सोमा थोरै दुधको फिज राखेको कफी ตีฟองนมลงบนเอสเพรสโซ
카푸치노 Cappuccino काफुचिनो		에스프레소와 우유, 우유거품을 1:1:1 비율로 맞춘 커피 Coffee, milk, and bubble added in 1:1:1 ration কফি, দুধ এবং ফেনা ১:১:১ অনুপাতে যুক্ত হয়। एस्प्रेस्सोमा दुध,दुधको फिजलाई 1:1:1ज्ञभागमा मिलाईएको कफी กาแฟ,นม,และฟองนม ลงไป 1:1:1 อัตราส่วน
카페모카 Caffé Mocha काफे मोका		에스프레소+쵸코릿 소스+우유거품+생크림 Espresso + chocolate sause + steamed milk Espresso + Chocolate সস + বাষ্পীভূতদুধ एस्प्रेस्सो + चक्लेट सस् + दुधको फिज + फ्रेस क्रिम เอสเพรสโซ + ซอสช็อกโกแลต + ตีฟองนม
카라멜 마키야또 Caramel Macchiato स्प्रेस्सो कारामेल माकियाटा		에스프레소+카라멜시럽+우유거품의 합작품 A combination of espresso + caramel syrup + steamed milk. First add espresso and caramel syrup and then pour steamed milk Espresso সমূহের সমন্বয় + Caramel syrup + বাষ্পীভূতদুধ প্রথমে Espresso এবং Caramel syrup ম্যাগ করে পরে বাষ্পীভূতদুধ ঢালতে হবে। एस्प्रेस्सो + कारामेल लिक्विड + दुधको फिज เป็นการผสมระหว่างเอสเพรสโซ + น้ำเชื่อมคาราเมล + ตีฟองนม อย่างแรกใส่เอสเพรสโซและน้ำเชื่อมคาราเมลหลังจากนั้นเทฟองนมใส่

아포가또 Affogato एफोगाटो		바닐라 아이스크림+에스프레소+ 견과류나 초콜릿 Vanilla ice cream + hot espresso + nut or chocolate Its name means to pour and is mainly for dessert. Vanilla ice cream + গরম Espresso + বাদাম অথবা চকলেট এটা মূলত মরু ভূমির জন্য भेनिला आईक्रिम एस्प्रेस्सो ड॰ऽ ईफ्रूट कित चक्लेट วานิลาไอศครีม เอสเพรสโซร้อน ถั่วหรือช็อตโกแล็ตเม็ด ส่วนใหญ่จะเพื่อลงในมื้ออาหารของว่าง
프라푸치노 Frappuccino प्रापुचिनो		계피+에스프레소+저지방우유+얼음 Coffee with cinnamon (cappuccino) + espresso + low fat milk + ice Coffee with Cinnamon (Cappuccino) + Espresso + কম চরবিযুক্ত দুধ + বরফ दालचिनी+ एस्प्रेस्सो + चिल्लो कम भएको दुध + आईस กาแฟกับผงไซนนาม่อน (คาปูชิโน่) + เอสเพรสโซ + นมไขมันต่ำ + น้ำแข็ง
카페라떼 Caffé Latte काफे लात्ते		에스프레소+거품 우유 Espresso + steamed milk (name changes depending on the syrups added. Ex. Vanilla Caffé Latte etc.) Espresso + বাষ্পীয়দুধ (Name changes depending on the syrups added. Ex. Vanilla Caffé Latte etc.) एस्प्रेस्सो+ फिंज सहित दुध เอสเพรสโซ + ฟองนม (การเปลี่ยนแปลงขึ้นอยู่กับชื่อน้ำเชื่อมเพิ่ม. Ex. กาแฟวานิลาเต้ ฯลฯ)

카페브리브 Caffé Breve काफे बुरिप		유지방이 적은 우유를 넣은 까페라떼 Coffee for those who want low fat milk instead of dairy milk in caffé latte যারা কম চর্বিযুক্ত দুধের কফি ভালবাসে এটা তাদের জন্য चिल्लो कम भएको दुध हालेको काफे लात्ते กาแฟสำหรับคนที่ต้องการนมไขมันต่ำลงในกาแฟลาเต้
플랫 화이트 Flat White फ्लेट हवाईट		카푸치노보다 우유의 양이 적게 들어가는 커피 It has less milk than caffé latte and cappuccino and enjoyed in Australia এতে Caffé Latte এবং Cappuccino এর চেয়ে কম দুধ আছে এবং এটা Australia তে উপভোগ্য काफुचिनो भन्दा दुधको वास्ना कम हुने कफी จะมีนมน้อยกว่ากาแฟลาเต้และคาปูชิโน่
아메리카노 Americano अमेरिकानो		에스프레소를 뜨거운 물로 희석한 커피 It's not a burden even after drinking several cups of coffee because hot water is added to espresso to make it lighter. এই ধরনের কফি কয়েক কাপ পান করলেও কোন আসুবিধা হয়না কারন Espresso এর সাথে গরম পানি মিশিয়ে উচ্চ লকরা হয়। एप्रेस्सोमा तातो पानी हाली बनाएको पातलो कफी คุณสามารถดื่มกาแฟได้หลายแก้วเพราะว่านั่งร้อนทำให้กาแฟอ่อน

비엔나커피 Vienna Coffee ভিএনা কফী		아메리카노+휘핑크 Americano + whipping cream A combination of hot coffee and cold fresh cream you can enjoy. **Americano + কষান ননি** **একটি গরম কফি ও ঠাণ্ডা সতেজ ননির সমন্বয়ে স্ট্রবেরি যা তুমি উপভোগ করতে পার।** अमेरिकाना + हिपिंक อามริกาโน + วิปปิฌครีม การรวมตัวระหว่าง กาแฟร้อนกับครีททีวเย็นจะทำให้คุณมีความสุขอย่างบอกไม่ถูก
헤이즐넛 Hazelnut हेजुल्नट		질이 떨어지는 원두+다양한 향신료 Poor quality beans + variety of spice **নিম্ন মানের লতা + বিভিন্ন ধরনের মসালা** कम गुणस्तरको भुटेको कफी + विभिन्न प्रकारका मसला ถั่วที่วมีคุณภาพต่ำ+ ความหลากหลายของเครื่องเทศ

05.
에스프레소 커피 추출법
How to abstract espresso
কিভাবে Espresso পৃথক করা হয়
एस्प्रेसो कफी बनाउने तरिका
วิธีทำ เอสเพรสโซ

에프스페소는 원두를 분쇄해서 90℃의 물에 9bar의 압력으로 30초만에 30ml를 추출하는 것으로 뜨거운 물을 미세한 커피층에 빠르게 통과시켜 커피기름과 수용성 성분이 유화된 부드러운 거품층(crema)를 만들어내어 커피의 향미 성분을 녹여내는 과정

एस्प्रेसो चाहि भुटेको कफीलाई पिसेर ९० डिग्रीको तातो पानीमा 9bar को चाप दिई ३० सेकेण्ड भित्र ३० मिली निकालिने तातो पानी मसिनो कफीसंग छिट्टो घुलिने क्रममा कफीबाट निस्कने तैलिय पद्धार्थ मिलेर सफ्ट फिज बनाई कफीको सुगन्धित पद्धार्थलाई निकाल्ने प्रक्रिया

1) 커피를 분쇄하기 위해 분쇄기의 굵기를 조정한다.

   Adjust the thickness before grounding coffee.

   কফি ছুড়ার আগে এর পুরুত্বের সমন্বয় করতে হবে।

   कफी पिस्नको लागि कफीको धुलोको साईजलाई मिलाउनु पर्ने हुन्छ।

2) 신선한 커피를 적당한 굵기로 분쇄하여 포터 필터의 바스켓 안에 가득 담는다.

ताजा कफीलाई सुहाउंदो साईजमा पिसेर पोट फिल्टरको बिस्केट भित्र टम्म गरी राख्नु पर्छ ।

3) 포터 필터를 분쇄기에 부딪쳐 분쇄커피를 다진다.

पोट फिल्टरलाई पिस्ने मेशिनमा ठोक्काउदै धुलो कफीलाई मिलाउनु पर्छ ।

4) 다진 커피의 위를 뚜껑을 이용해서 평평하게 한다.

बनाएको कफीको माथिल्लो भागलाई ढकनी प्रयोग गरी टम्म पारी मिलाउनु पर्छ ।

5) 탬퍼를 이용해 가볍게 원두를 누른 후 포터 필터 안에 붙은 원두를 다시 탬포 자루로 가볍게
   두들겨 가운데로 모은다.

   टेम्परलाई प्रयोग गरी हलुकासाथ कफीलाई दबाए पछि पोट फिल्टर भित्र टांसिएको कफीलाई फेरी टेम्पोको बिंडले
   हलुका गरी ठकठक्याई विचमा जम्मा पार्नु पर्छ ।

6) 온 몸으로 힘을 모아 원두를 눌러준다.

   पुर्ण बल गरी कफीलाई दबाउनु पर्छ ।

7) 힘을 골고루 주어서 누르면 원두 표면이 평평해진다.

   सबै तिर दबायो भने बराबर हुने गरी सम्म हुन्छ ।

8) 포터 필터의 밑부분을 손바닥으로 바쳐서 그룹헤드에 장착한다.

पोटर फिल्टरको तल्लो भागलाई हत्केलाले समाई ग्रुपहेडमा जडान गर्नु पर्छ ।

9) 에스프레스 모양을 보고 잘 내렸는지 판단한다.

एस्प्रेसको आकार हेरी राम्रो भयो भएन निर्णय गर्न सकिन्छ ।

* 내려오는 에스프레소의 빠르기, 모양, 색깔, 맛 등을 보고 맛좋은 커피를 내리도록 훈
련한다. 에스프레소는 원두의 숙성정도, 분쇄된 크기, 탬퍼에 가해진 압력 등 다양한 요
인으로 커피맛이 다르다.

निम्कलदै गरेको एस्प्रेस्सोको गती, आकार, रंग, स्वाद आदिलाई हेरी स्वादिष्ट कफी निकाल्ने अभ्यास गर्नु पर्छ ।
एस्प्रेस्सो चाहि कफी फरमेन्टेसन प्रक्रिया, कफीको धुलोको साईज, टेम्परमा दिईने चाप आदि विभिन्न कारणहरुले
कफीको स्वादमा प्रभाव पर्न सक्छ

제3장 핸드 드립

Chapter 3 Hand Drip

भाग ३ हेण्ड ड्रीप

01.
필터 접기
फिल्टर पट्याउने

1) 접착된 밑부분을 접어준다.

टाँसिएको तल्लो भागलाई दोबार्ने ।

2) 접착된 옆부분을 반대쪽으로 접어준다.

टाँसिएको छेउको भागलाई उल्टो गरी दोबार्ने ।

3) 손가락을 대고 둥글게 펴준다.

औंला अड्याएर गोलाकार हुने गरी बनाउने ।

4) 필터에 꼭맞게 둥글게 해준다.

फिल्टरसंग मिल्ने गरी गोलाकार बनाउने ।

5) 필터에 얹는다.

फिल्टरमा राख्ने ।

02.

다양한 드립퍼

विभिन्न प्रकारका डि≪पर

핸드 드립에 주로 사용하는 드립퍼는 재질과 모양에 따라 종류가 다양하다.

घुि प प्राया हेण्ड डि≪पमा प्रयोग गरिने डि≪परहरु बन्ने पद्धार्थ देखि लिएर आकारहरु पनि विभिन्न प्रकारका छन् ।

1) 재질에 따라 사용되는 드립퍼의 특성

बन्ने पद्धार्थ अनुसार प्रयोग गरिने डि≪परको विशेषता

(1) 헝겊(융드립 맨 오른쪽)을 사용하면 깊고 기름기가 많이 포함된 진하고 부드러운 커피를 내릴 수 있다.

हैँ कप (सबै भन्दा दायाँ पट्टी) प्रयोग गर्यो भने गाढा मात्र नई तैलिय पढार्थ धेरै समावेश भई गाढा र सफ्ट कफी निकाल्न सकिन्छ ।

(2) 도자기(왼쪽 첫 번째 흰, 검은 드립퍼)는 그릇을 미리 가열하여 사용하면 더디게 가열되지만, 오래 뜨거운 기운을 유지해서 좋다.

सेरामिक (देब्रे पट्टी पहिलो सेतो, कालो डि≪पर) चाहि कपलाई पहिल्यै तातो बनाई प्रयोग गर्यो भने ढिलो तातिए पनि लामो समयसम्म तापलाई कायमै राख्न सकिने भएकोले राम्रो हुन्छ ।

(3) 동(앞의 구리색), 철(동드립터 뒤)을 사용하면 빨리 덥고 쉽게 식지 않지만 가격이 비싼 것이 흠이다.

तामा(अगाडीको ब्रोन्ज कलर), फलाम (तामाको डि≪पर पछ्छाडीको) लाई प्रयोग गर्यो भने छिट्टै तातो हुने र चाडै नसेलाउने हुन्छ तर मुल्य बढी हुनुनै यस्को नकारात्मक पक्ष छ ।

(4) 플라스틱(가운데)으로 된 드립퍼는 값도 저렴하여 쉽게 사용할 수 있지만, 다른 드립퍼에 비해 특성없는 커피를 내리게 된다.

प्लाप्टिक (बिचमा) ले बनेको डि≪पर सस्तो भई प्रयोग गर्न सजिलो त हुन्छ तर अरु डि≪परह जस्तै यस्मा भने खासै विशेष विशेषता भने हुदैन ।

2) 각 드립퍼의 명칭과 모양

प्रत्येक डि≪परको नाम र आकार

(1) 칼리타(kalita) : 추출구 세 구멍이 나란히 나 있다. 리브가 끝까지 형성되어 있어서 물 빠짐을 도와 효과적인 추출에 좋다(옆의 플라스틱 등 대부분).

कालिट कफी निक्ने टुटी तीन प्वालहरु लस्करै हुन्छन् ।

(2) 멜리타(melita) : 추출구가 중앙에 하나 있다. 드립 시에 물이 머무는 시간이 길어 많은 주의가 필요하다. 칼리타에 비해 윗면의 입구가 좁고 높다.

(3) 고노(kono) : 추출구가 중앙에 하나 있고 리브가 중간부터 시작한다. 융드립에 가장 가까운 맛을 낼 수 있어 다른 드립퍼에 비해 바디감이 좋다.

(4) 하리오(hario) : 추출구가 중앙에 하나 있고 원추형이다. 고노보다 추출구가 조금 크고 리브가 시계방향으로 휘어져 끝까지 형성되어 있다(옆의 빨간색).

03.

커피내리기
Extracting with siphon
ভরে নিষ্কাশন
কফী ঝার্নু (নিকাল্নু)

1) 분쇄된 커피를 드립퍼에 넣는다.

2) 원두를 평평히 한 후 물이 잘 내려가도록 물길을 내준다.

कफीलाई हालेर मिलाई पानी राम्ररी तल झर्न मिल्ने गरी पानीको धार दिई हाल्ने

3) 중앙에서부터 소량의 물을 천천히 붓는다.

बिच देखि सानो धारा बनाई बिस्तारै हाल्ने ।

4) 충분히 물을 부어 뜸을 들인다.

प्रशस्त पानी हाली सोस्न समय दिने ।

5) 부풀어 올랐던 원두가 내려앉으면 1차로 물을 부어준다.

भुक्क उठेको कफी सुकेर तल गए पछि फेरी एक पटक पानी हाल्ने ।

6) 1차 물을 부은 후 커피가 내려간 후 2차, 3차로 물을 내려준다.

प्रथम पटक पानी हाले पश्चात कफी सुकेर तल गए पश्चात दोस्रो पटक अनि तेस्रो पटक पानी हाल्नु पर्छ ।

7) 원두에 물이 고이지 않도록 노력하고
   적당히 내린 후 분리해준다.

कफीमा पानी नजम्ने गर्नु पर्छ र ठिक्क झरे
पश्चात हटाएर राख्नु पर्छ ।

제4장 다양한 커피 추출법

Chapter 4 Sub ingredients of coffee for coffee flavor

অধ্যায় ৪ কফির গন্ধ জন্য সহকারি উপাদান সমূহ

भाग ४ विभिन्न प्रकारका कफी बनाउने (निकाल्ने)तरिका

บทที่ 4 บทสรุปกาแฟที่มีวิธีแตกต่างกัน

01.

모카포트로 에스프레소 커피 만들기
Make espresso coffee with moka pot
Moka পাত্র সঙ্গে Espresso কফি করুন
मोका पोटद्वारा एस्प्रेस्सो कफी बनाउने
ทำกาแฟเอสเพรสโซโดยใช้หม้อโมกา

1) 모카포트의 상하를 분리한다.

मोका पोटको माथि र तलको भागलाई छुट्ट्याउने ।

2) 아랫부분에 물을 선에 맞게 넣어준다.

तल्लो भागमा नापसंग मिल्ने गरी पानी हाल्ने ।

3) 중간부분에 커피를 넣어 다져주고 밑부분과 결합한다.

विचको भागमा कफी हाली मिलाउने र तल्लो भागसंग जाडान गर्ने ।

4) 윗부분과 결합해서 가열한다.

माथिल्लो भागसंग पनि जोडेर ताप दिने ।

5) 크레마가 윗부분으로 나온다.

क्रेमा माथिल्लो भाग देखि निस्कने हुन्छ ।

6) 만들어진 에스프레소를 컵에 따라준다.

बनिएको एस्प्रेस्सो कफीलाई कपमा हालिन्छ ।

02.

퍼콜레이터 혹은 사이폰으로 커피 추출하기
Extracting with siphon
ভরে নিষ্কাশন
পকোলেটর অথবা সাইপোনবাট কফী নিকাল্নে
สกัดกาแฟโดยการลักน้ำ(สูบฉีด)

1) 사이폰 아래 유리도구에 물을 넣어준다.

साईफोनको तल शिशामा पानी हाल्ने ।

2) 윗부분을 넣고 아랫부분과 비스듬하게 결합한다.

माथिल्लो भागलाई छाडी तल्लो भागसंग बराबर हुने गरी मिलाउने ।

3) 램프에 알콜을 넣어 불을 붙친다.

लेम्पमा अल्कोहल हाली आगो बाल्ने ।

4) 물이 데워지고 난 후 끓기 시작하면 윗부분을 똑바로 결합한다.

पानी तात्तिदै उम्लन थाल्यो भने माथिल्लो भागलाई ठिकसंग जोड्ने ।

5) 물이 위로 올라가 적당량이 되면 커피가루를 잘 섞이도록 저어준다.

ठिक मात्रामा पानी माथि चढ्यो भने कफीको धुलोलाई राम्ररी घोलिने गरी घोल्ने ।

6) 물이 다 올라간 후 램프를 옮겨준다.

पानी अझ माथि चढे पश्चात लेम्पलाई सार्ने ।

7) 커피가 아래로 내려간 후 윗부분을 분리한다.

कफी तल झरे पश्चात माथिल्लो भागलाई छुट्याउने ।

8) 커피를 컵에 따라준다.

कफी कपमा हाल्ने ।

03.

터키식 – 이브릭과 재즈베로 커피 추출하기
Extracting with turkish coffee pot

তুর্কি কফি পাত্র দিয়ে নিষ্কাশন

टर्की स्टाईल ईब्रीक र जेजबेरो कफी बनाउने (निकाल्ने)

สกัดกาแฟโดยใช้หม้อกาแฟตุรกี

1) 이브릭에 가늘게 분쇄한 커피를 담는다.

ईब्रीकमा मसिनो पारिउको पारिएको कफी हाल्ने ।

2) 이브릭에 물을 넘치지 않게 적당히 넣어준다.

ईब्रिकमा पानी नपोखिने गरी ठिक्क गरी हाल्ने ।

3) 불에 올려 끓인다.

आगोमा उमाल्ने ।

4) 끓어 넘치게 되면 불에서 이브릭을 떼어주고 이런 과정을 몇 차례 반복한다.

उम्लेर पोखिन थालेमा निकाल्ने र फेरी उमाल्ने ।यो प्रक्रिया लगातार गरिरहने ।

5) 커피가 충분히 우러난 후 커피잔에 거름망을 놓고 내려준다.

उम्लने क्रममा कफी मज्जाले भिज्जिए पश्चात कपमा जाली राखी कफीलाई कपमा हाल्ने ।

04.

베트남식 커피
Vietnamese coffee
ভিয়েতনামী কফি
भियतनामी स्टाईल कफी
กาแฟเวียดนาม

1) 커피잔에 먼저 연유를 적당량 넣어준다.

कफी कपमा पहिल्यै ठिक्क मात्रामा डिब्बाको लिक्विड दुध हाल्ने ।

2) 핀드립퍼를 컵에 올려놓고 분쇄커피를 넣어준다.

फिन्ड डि≪परलाई कपमा राखी धुलो कफी हाल्ने ।

3) 스텐으로 된 거름망으로 커피를 적당히 눌러주고 그 위에 거름망을 놓은 후 뜨거운 물을 붙는다.

स्टीलले बनेको छान्ने जालीले कफीलाई ठिक्क गरी दबाउने र त्यसमाथि कफी छान्ने जाली राखी तातो पानी

हाल्ने ।

4) 부어준 물이 다 내려가도록 기다린다(대략 15초).

हालेको पानी सबै तल नझरुन्जेलसम्म पर्खने ।

5) 연유와 커피가 잘 섞이도록 저어준다.

डब्बाको लिक्विड दुध र कफी राम्ररी घुल्ने गरी घोल्ने ।

05.

프렌치프레스로 커피 내리기
Extracting coffee with french press
French চাপে কফি নিষ্কাশন
फ्रेन्च प्रेसद्वारा कफी बनाउने (निकाल्ने)
สกัดกาแฟโดยใช้เครื่องกดแบบฝรั่งเศส (แบบFrench press)

1) 프렌치 프레스에 커피 원두를 담는다.

फ्रेन्च प्रेसमा कफी राख्ने ।

2) 뜨거운 물을 가득 붓는다.

तातो पानी भरी हाल्ने ।

3) 물과 커피 원두를 잘 섞어준다.

पानी र कफीलाई राम्ररी घुलाउने ।

4) 뚜껑을 덮고 프레스를 천천히 눌러준다.

ढकनी ढाकेर प्रेसलाई विस्तारै दबाउने ।

5) 가루가 섞이지 않도록 천천히 커피를 컵에 붓는다.

कफीको छोकरा नभर्ने गरी विस्तारै कपमा हाल्ने ।

06.
더치 커피 내리기
डच कफी बनाउने तरिका

1) 더치 용기에 물을 넣어주고 커피도 담는다.

   डच भाँडामा पानी हाल्ने र कफी पनि हाल्ने ।

2) 커피 위에 필터를 넣어 물이 골고루 퍼지도록 유도한다.

   कफीको माथि फिल्टर राखी पानी चारैतर्फ भिज्ने गरी हाल्ने ।

3) 물에 얼음을 넣어주면 더 좋다.

   पानीमा आईस हाले अझ राम्रो हुने ।

4) 물이 천천히 내려가도록 물줄기 세기를 조정한다.

पानी विस्तारै तल झर्न दिनको लागि व्यालेन्स कन्ट्रोल गर्ने ।

5) 원두 분쇄 굵기와 물줄기를 적당히 조정해 추출에 5시간 정도 걸리도록 한다.

कफीको धुलोको साईज र पानीको धारलाई ठिक्क मिल्ने मिलाउने र झर्नको लागि लगभग ५ घण्टा लाग्ने बनाउनु पर्छ ।

6) 내린 커피는 적당한 용기에 담아 보관할 수 있도록 한다.

निकालिए (बनाएको)को कफीलाई सुहाउदो भांडामा हाली स्टोर गर्नु पर्छ ।

7) 더치 커피는 얼음과 함께 마시면 더 맛있다.

डच कफी चाहि आईसको साथमा पिएमा अझ मिठो हुन्छ ।

제5장 커피의 풍미를 위한 커피의 부재료

Chapter 5 Sub ingredients of coffee for coffee flavor

অধ্যায় ৫ কফির গন্ধ জনকসহকারি উপাদান সমূহ

भाग छ कफीलाई अझ स्वादिष्ट बनाउनको लागि कफिलाई चाहिने सहायक सामग्री

บทที่ 5 ย่อยส่วนผสมกาแฟให้มีรสชาติของกาแฟ

01.

물이 좋아야 커피 맛도 좋다
Good Water
ভাল জল
पानी राम्रो भए कफी स्वाद पनि मिठो हुन्छ।
 น้ำดี

커피의 95~99.5%를 차지하는 물을 잘못 사용하여 커피의 맛과 향을 잘못 살리는 경우가 많다. 그만큼 물은 커피의 맛에 지대한 영향을 끼친다. 커피를 제대로 즐기고 싶다면 특이한 냄새나 아무런 맛이 없는 생수 그 중에서 칼슘과 마그네슘 함량이 낮은 물을 끓여서 사용하는 것이 가장 좋다.

The flavor and aroma of the coffee is often unsaved because of the incorrect way of using the 95~99.5% of water in coffee. So the water exerts a profound influence on the taste of coffee. If you want to enjoy your coffee properly it is best to use boiling water with less calcium and magnesium.

গণ এবং কফি সুবাস প্রায়ই অক্ষুণ্ন থাকে না কারন কফিতে 95~99.5% পানি ভুল উপায়ে ব্যহার করা হয়। তাই কফির দাদের জন্য পানির প্রভাব গুই স্বপূণং। কফির আসল দাদ ধতে চাইলে ফুটন্ত পানির সাথে কাল্সিয়াম ও মাগনেসিয়াম কম ব্যহার করা ভাল।

९०~९९.५% पानीको मात्रा रहने कफीमा गलत पानीको प्रयोगको कारण कफीको स्वाद र मिठासलाई विगार्ने अवस्थाहरु धेरै नै पाईन्छ। त्यसैले कफीको स्वाद र मिठासमा पानीको भुमिका महत्वपूर्ण मानिन्छ। राम्रोसंग कफीको आनन्द लिने हो भने विशेष गन्ध अथवा कुनै पनि स्वाद नभएको पानी त्यस मध्ये पनि क्यालसियम अथवा म्याग्नेसियमको मात्रा कम भएको पानी उमालेर प्रयोग गर्दा सबैभन्दा राम्रो मानिन्छ।

รสชาติและกลิ่นหอมของกาแฟมักจะไม่ได้บันทึกไว้ เพราะว่าเป็นทางที่ไม่ถูกต้องโดยใช้น้ำร้อนในกาแฟ 95~99.5% ดังนั้นความแรงของน้ำมีผลต่อรสชาติของกาแฟ หากคุณต้องการที่จะเพลิดเพลินกับกาแฟของคุณอย่างถูกต้องที่สุดคือการใช้ น้ำเดือดซึ่งมีแคลเซียมและแมกนีเซียมน้อย

※ **연수** - 경도가 낮은 단물, 칼슘과 미네랄 등의 미네랄이 적은 물, 증류수, 빗물, 수돗물. 멸치국물 우려내고 밥을 지을 때나 차를 끓일 때 사용.

Soft water - Sweet water with low hardness, water with less calcium and mineral, distilled water, rain water, tap water, used when stewing anchovy, cooking rice, and boiling tea.

সাধারন জলঃ - কম থনিজ জাতীয় মিষ্টি পানি, কম কালসিয়াম ও মিনারেল সমৃদ্ধ পানি, পাতিত জল, বৃষ্টির জল, কলের জল, মৎস্য সিদ্ধ ব্যবহৃত , রান্নার চাল, এবং ফুটন্ত চা।

सफट वाटर (Soft Water) - गुलियो स्वाद भएको पानी, क्याल्सियम र मिनरल आदिमा मिनरल कम भएको पानी , डिस्टिल्ड पानी, धाराको पानी, आकाशे पानी । भात बनाउदा अथवा चिया बनाउदा प्रयोग

น้ำอ่อน - น้ำหวานมีความแข็งต่ำน้ำมีแคลเซียม น้ำอยลงและเกลือแร่, น้ำกลั่น , น้ำฝน, น้ำประปาใช้เมื่อ stewing แอนโชวี่, หุงข้าวและน้ำชาเดือด

※ **경수** - 센물, 각종 미네랄이 풍부하게 녹아있는 지하수나 우물물. 운동 후나 임산부의 미네랄 보급 및 변비로 고생하는 사람들에게 좋다.

Hard water - Hard water, well water rich in minerals, ground water. Good for those who suffer from constipation, pregnant women who need mineral supply, and after exercise.

থনিজ জল - থনিজ জল, ভাল জল মিনারেলের জন্য ভাল, পতিত পানি ভাল যারা কোষ্ঠকাঠিন্য সমস্যায় ভুগছে, গর্ভবতী নারী যাদের মিনারেল সরবরাহ প্রয়োজন এবং ব্যায়মের পর।

हार्ड बाटर (Hard water) - विभिन्न प्रकारका मिनरल मिसिएको जमिन मुनिको पानी अथवा कुवाको पानी । व्यायाम पश्चात अथवा गर्भवती महिलाहरुको लागि मिनरल आवश्यकतामा परेमा अथवा कब्जियत भएको व्यक्तिहरुलाई राम्रो हुने ।

น้ำอย่างหนัก - น้ำอย่างหนักน้ำที่ดีที่อุดมไปด้วยแร่ธาตุน้ำใต้ดินที่ดีสำหรับผู้ที่ประสบอาการท้องผูก , หญิงตั้งครรภ์ที่ต้องการการจัดหาน้ำแร่และหลังจากการออกกำลังกาย

02.
커피의 조연 감미료에 대해
About the coffee supporting sweetener
কফির সহকারী মিষ্টিকারক সমূহ
कफीको गुलियोपन बारे
เกี่ยวกับกาแฟที่ให้สารความหวาน

적절한 단맛은 기분을 좋게 만들어 주며 우리 몸의 에너지원으로 사용되기도 한다. 설탕, 올리고당, 젖당, 과당, 꿀 등이 있는데 가장 많이 쓰이는 것은 설탕이다. 설탕은 커피의 쓴 맛을 줄여주는 역할을 한다. 커피 고유의 향을 느끼기 위해서는 순수하게 정제된 흰설탕을 사용하는 것이 좋다.

Proper sweetness makes one feel good and is also used as an energy source for our body. Among sugar, lactose, fructose, oligosaccharides, and honey. Sugar is the most commonly used. Sugar decreases the bitterness of coffee.

যথাযথ মিষ্টির ব্যবহার একজন কে ভাল স্বাদ করায় এবং এটা আমাদের শরিরের শক্তির উৎস হিসেবেও ব্যবহৃত হয়। চিনি, লাক্টোজ , ফ্রুক্টোজ, Oligosaccharides ও মধুর মধ্যে চিনি বেশি ব্যবহৃত হয়। চিনি কফিতে তত ভাব কমায়।

ठिक्कको गुलियो स्वादले मन रमाईलो गराउँछ र हाम्रो शरीरमा एनर्जीको रुपमा भुमिका खेल्ने पनि गर्दछ । चिनी, मिश्री, गुण, भेलि, मह आदि गुलियो पढ्धार्थहरु भएता पनि सबैभन्दा बढी मात्रामा भने चिनीलाई प्रयोग गरिएको पाईन्छ । चिनीले चाहि कफीको तितोपनलाई कम गराउने भुमिका खेल्छ । कफीकै वास्तविक वास्ना महशुश गर्नको लागि भने रिफाईन गरेको सेतो चिनी प्रयोग गर्दा राम्रो हुन्छ ।

ความหวานที่เหมาะสมทำให้คนรู้สึกดีและยังใช้เป็นแหล่งพลังงานสำหรับร่างกายของเรา ในหมู่น้ำตาลแลคโตส , ฟรุกโตส,โอลิโ กแซ็กคาไรด์และ น้ำผึ้งน้ำตาลจะใช้กันมากที่จะความขมของกาแฟ ได้อีกด้วย

03.

커피의 맛과 풍미를 더해주는 커피 크리머
Coffee Creamer

কফি থেকে ননী তালার যন্ত্র

কফীको স্বাদ र মিঠাসপনলাই সাথ দিনে Coffee Creamer

แกรมม่าของกาแฟ

커피 크리머(creamer), 커피 화이트너(whitener)라고도 하는데, 프림, 프리마 등으로 부르는 상표명이다. 크리머라는 말은 크림같이 만든 것, 대용 크림이라는 뜻이다. 커피의 강한 맛과 신맛을 줄여 부드러운 맛을 즐기게 한다.

Coffee creamer is also called coffee whitener. The brand name refers to prime, prima. Creamer means to make like cream or substitute cream. Cream reduces the strong flavor and acidity of coffee and enjoy the smooth taste.

ননী তালার যন্ত্রকে কফি সাদাকারক হিসেবে ডাকা হয়। ননী কফির তিক্ততা ও ঝাঁঝাল গণ কমায়। ননী তালার মূল উপাদান হচ্ছে syrup, তরল নারকেল স্কুল, Sodium caffeinate, Emulsifiers, Stabilizers, Pigments, Perfumes etc. এতে ক্রমদ যুক্ত উপাদান উষ্ণ মাড়ায়, এটা কাল্লার বাড়ায়, অনেক ড্রাগের উৎস এবং ড্রাগগুলকে শরীরে সঙ্গবদ্ধ করে।

Coffee Creamer, Coffee Whitener भनेर पनि भन्ने गरिन्छ । प्रिम,प्रिमा आदि व्यापारिक टे«ड नामहरु पनि छन् । क्रिमर भन्ने शब्द क्रिम जस्तै भएकोले क्रिमको सट्टा भन्ने अर्थ लाग्छ । कफीको कडा स्वाद र अमिलो स्वादलाई कम गराई सफ्ट स्वादको मज्जा दिलाउँछ ।

แกรมม่ากาแฟหรือ เรียกอีกอย่างว่า ไวท์ทินเนอร์ กาแฟ ซึ่งแบรนด์หมายถึง สำคัญ,เป็นครั้งแรก แกรมม่า หมายถึง เหมือนกับการทำครีม หรือเรียกอีกอย่างว่าครีมทดแทน แกรมม่า ช่วยลด ความเข้มข้นของกาแฟและช่วยลดความกรดของกาแฟให้พอเหมาะ

커피 크리머의 주요성분은 물엿, 경화야자유, 카제인 나트륨(식품의 촉감 향상), 유화제(물에 기름이 녹을 수 있도록 해줌), 안정제(카제인나트륨 엉김 방지), 색소, 향료 등이다. 트

랜스지방 함유율이 높은데 지구 한 바퀴 반을 뛰어도 빠지지 않을 만큼 몸속에 오래 축적되며 이것은 암 발생률을 높이고 많은 질병의 근원이 된다. 몸속에 좋은 콜레스테롤은 줄이고 해로운 콜레스테롤은 높인다.

The main component of the creamer is the syrup, hydrogenated coconut oil, sodium caffeinate, emulsifiers, stabilizers, pigments, perfumes and etc. Also trans fat content is high, it increases incidence of cancer, source of many diseases and accumulates in the body even after skipping the earth for 1 and a half rounds.

একটি ভাল ননি ক্রীমার যপ্র – কফিতে ভালভাবে মিশাতে, ইমালসন এর স্থায়িত্ব ভাল হতে হবে এবং এটা ধবধবে সাদা হতে হবে। (Caffeine এর মাড়া খুব কম থাকা উচিৎ)

Coffee Creamer को प्रमुख तत्व चाहि starch syrup, Hydrogenated Coconut Palm Oil, sodium caseinate (खाद्यपदार्थको महशुश उच्च बनाउन मद्दत) emulsifier (पानीमा तेल घुल्न मद्दत गर्छ) stabilizer (sodium caseinate जम्न नदिन), pigment (रंग बनाउन मद्दत गर्ने तत्व), मसला तथा हर्बहरु आदि छन् ।

องค์ประกอบหลักของCreamerเป็นน้ำเชื่อมน้ำมันมะพร้าวไฮโดรเจนโซเดียม caffeinate, ละลายสาร, ก๊าซสึกสีและอื่นๆ

※ **좋은 커피크리머** – 커피와 잘 섞이는 것. 유화안정성이 좋아야 함(기름방울이 발견되지 않아야 함). 냄새가 좋아야 함. 커피액을 희게 하는 백탁도(whitening power)가 우수해야 함. 카제인이 응고·분리되는 우모현상이 없어야 함

A good coffee creamer – mix in well with coffee, emulsion stability should be good, smell good, and whitening powder should be excellent. (Caffeine should lack separating phenomenon.)

একটি ভাল ননি ক্রীমার যপ্র – কফিতে ভালভাবে মিশাতে, ইমালসন এর স্থায়িত্ব ভাল হতে হবে এবং এটা ধবধবে সাদা হতে হবে। (Caffeine এর মাড়া খুব কম থাকা উচিৎ)

একটি ভাল ননি ক্রীমার যপ্র – কফিতে ভালভাবে মিশাতে, ইমালসন এর স্থায়িত্ব ভাল হতে হবে এবং এটা ধবধবে সাদা হতে হবে। ৎক্রবাাভ্সভ এর মাড়া খুব কম থাকা উচিৎ০

นอกจากนี้ยังเพิ่มปริมาณไขมันทรานส์สูงก็เพิ่มอัตราการเกิดของโรคมะเร็งแหล่งที่มาของโรคจำนวนมากที่สะสมในร่างกายได้แกรมม่ากาแฟที่ดีคือผสมเข้าด้วยกันกับกาแฟ เสถียรภาพอิมัลชันควรจะดีกลิ่นที่ดีและผงที่ขาวใสและดีที่สุด

04.

달콤하고 부드러운 휘핑크림
Sweet and Soft whipping Cream
ক্রামল এবং কশানো ননি
मिठासिलो सफ्ट ह्वीपी ̈ क्रीम
ความหวานและวิปปิ้งครีมที่นุ่มนวล

카페모카, 비엔나커피, 콘빤나 등을 만들 때 꼭 필요하다. 일반 액상 커피크림 보다 지방분의 함량이 많고 고형분도 높다. 동물성 크리머가 휘핑 상태에서 표면이 좀 더 매끄럽고 부피팽창률이 좋으나 식물성 크리머에 비해 견고성이 좋지 못하다.

It's necessary when making caffe mocha, vienna coffee, and cone ppana. It has more fatty substances and high solidness than the general coffee cream. A whipped animal creamer has a smooth surface and the rate of expansion is great but compared to the vegetable creamer the ruggedness is poor.

কফি স্তরিতে Caffe Mocha, Vienna Coffee, and Cone PPana থাকা জই রী। এতে অনেক ক্রমদযুক্ত ও গাড় পদাথংরয়েছে।

काफेमोका,भिएन्ना कफी, कोन्पाना आदि बनाउदा अवश्य चाहिने कुरा हो । साधारण तरलीय कफी क्रीम भन्दा बोसो (Fat)को मात्रा बढी र जम्ने तत्व पनि बढी हुन्छ । जनावरहरुबाट प्राप्त पढ्धार्थबाट बनाईने Creamer चाहि ह्वीपि[a] अवस्था देखि देखावटमा राम्रो आकारको साईज बनाउनमा सजिलो भएएनि वनस्पतीहरुबाट प्राप्त पढ्धार्थहरुबाट बनेको Creamer भन्दा जम्न सक्ने तत्व कम हुन्छ ।

ความหวานและวิปปิ้งครีมมักจะจำเป็นเมื่อมีการทำ กาแฟมอคค่า, กาแฟเวียนนา เพราะว่ามักจะมีไขมันสูงและความหนาแน่นสูง กว่ากาแฟทั่วไป ไขมันสัตว์จะมีผิวเรียบและมีอัตราการขยายตัวที่ดีมากแต่เมื่อเปรียบเทียบกับไขของพืชผักจะ ไม่ค่อยรุนแรงมาก นัก

05.

우유와 기타 재료들
Milk and other ingredients
দুধ এবং অনন্বনকউপাদানসমূহ
दुध वा अरु सामाग्रीहरू
นมและส่วนผสมอื่น ๆ

적절한 온도로 데워진 우유나 우유 거품은 커피를 한결 부드럽게 해주며 고소함을 느끼게 해준다. 우유는 열처리 살균과정을 통해 원유 속에 있는 해로운 세균과 우유의 영양성분을 분해하여 위생적이고 안전하게 마실 수 있게 한다. 우유를 데울 때 온도가 너무 높으면 텁텁해지고 너무 낮으면 비리고 싱거운 맛이 나므로 70~75℃정도로 데워서 사용한다. 커피에 술이나 초콜릿, 시나몬, 레몬, 달걀노른자 등을 넣어 마시기도 한다. 위스키를 넣은 아이리시커피, 보드카를 넣은 러시안 커피, 브랜디(코냑)를 넣은 카페로열, 럼을 넣은 멕시칸 커피. 상큼한 신맛과 향을 느끼고 싶을 때는 레몬을 가미하여 마신다.

Steamed milk of milk heated in appropriate temperature keeps coffee smooth and tasty. Milk is hygienic and safe to drink because through sterilization it seperates harmful bacteria and nutrients of milk. When warming the milk, if the temperature is too high it would taste stale but if the temperature is too low it would taste bland and bitter so the right temperature is 70~75°c. Some people add alcohol, chocolate, cinnamon, lemon, egg yolk, etc. when drinking coffee. Sometimes people also add whiskey in Irish coffee, vodka in Russian coffee, brandy (cognac) in cafe royal, and rum in mexican coffee. For a refreshing sour taste add lemon.

যথাযথ তাপমাড়ায় উষ্ণ দুধে কফি ক্রামল ও সুদাদু থাকে। দুধ পান করা সাস্থের পক্ষে ভাল কারণ Sterilization এর মাধ্মে ক্ষতিকর বাক্টেরিয়া ও দুধের পুষ্টি দূর করার মাধ্মে। যখন দুধ গরম করা হয় তখন তাপামাড়া উষ্ণ থাকলে এর দাদ পানসে হয়, কিন্তু যদি তাপমাড়া কম হয় তখন এর দাদ স্নিদ্ধ ও

তিক্ত হয়। তাই আদর্শ তাপমাত্রা ৭০-৭৫° হওয়া উচিৎ। তাই মানুষ কফি পান করার সময় এতে এলকোহল, চকলেট, দাইচিনি, ঝলবু ডিমের কুসুম, ইত্যাদি ম্যাগ করে। আবার অনেক সময় মানুষ Irish Coffee এও Whiskey, Russian কফিতে Vodka, Cafe Royal এ Brandy (cognac), এবং Mexican কফিতে Rum মিশ্রিত করে।

ठिक्कको हिटमा तताएको दूध अथवा दूधको फोमले कफीलाई सफ्ट बनाउछ र मिठो महशुश गराउँछ । दूध तताउदै दुद्धिकरण गर्ने क्रममा प्राकृतिक अवस्थाको दूध भित्र रहेका हानिकारक किटाणुहरु र दूधको पौष्टिक तत्वहरुलाई अति सुक्ष्म रुपमा विभागजन हुने हुन्छ र स्वस्थ्यदायी र सुरक्षित तवरबाट पिउन सकिने बन्छ । दूध तताउदा बढी ताप दिएमा दूध बाक्लिएर मुख भित्र क्लिन स्वाद दिदैन भने कम ताप दियो भने दूध निमठो गन्हाउने हुनाले $70{\sim}75^{\circ}\mathrm{C}$ जति तताएर प्रयोग गर्नु पर्छ । कफीमा रक्सी अथवा चक्लेट, दालचिनी, कागती, अण्डाको पहेलो भाग आदि हालेर पिउन पनि गरिन्छ । हवीस्की हालेर बनाईने आईरिस कफी, भोडका मिसाएर बनाएको रसियन कफी, ब्रान्डी मिसाएर बनाईने काफे रोयल, रम हाली बनाईने मेक्सिकन कफी आदी उदाहरणहरु पाईन्छ । ताजा अमिलो स्वाद र वास्नाको महशुश गर्न चाहे कागती हाली पिउन पनि सकिन्छ ।

ตีนมร้อนในอุณหภูมิที่เหมาะสมจะช่วยให้กาแฟนุ่มและอร่อย นมเป็นสิ่งที่ถูกสุขอนามัยและปลอดภัยในการดื่มเพราะผ่านการ ฆ่าเชื้อโรคแยกแบคทีเรียที่เป็นอันตรายและสารของนม ถ้าอุณหภูมิของนมสูงเกินไปก็จะได้รสชาตินมที่หนา แต่ถ้าอุณหภูมิต่ำเกินไป ก็จะได้รสหวานและขมดังนั้นอุณหภูมิที่เหมาะสมคือ $70{\sim}75^{\circ}\mathrm{C}$ บางคนเพิ่มเครื่องดื่มแอลกอฮอล์ ช็อคโกแลต ซินนามอน ม ะนาว, ไข่แดง, ฯลฯ เมื่อดื่มกาแฟ บางคนยังเพิ่มวิสกี้ในกาแฟไอริช วอดก้าในกาแฟในรัสเซีย บรั่นดี ในร้านกาแฟรอยัล และเห ล้ากาแฟเม็กซิกัน สำหรับรสเปรี้ยวสดชื่นจะเพิ่มมะนาว

06.

우유 거품내기(milk frothing)
Milk Foaming
দুধে ফেনা যুক্ত করন
दुधबाट फिंज निकाल्ने तरिका
ฟองนม

1) 스팀완두 팁(steam wand tip)이 우유표면에 노출되면 거친 거품이 생기고 너무 깊이 넣으면 거품이 생기지 않는다. 우유 표면 안 쪽으로 약 1cm 들어간 곳에 스팀 분사구를 위치시켜 피처 안에 공기를 흡입시켜 우유거품을 만든다.

steam wand tip छ दुधको माथिल्लो भागमा पार्यो भने उछिट्टिदै गांज निकाल्छ भने एकदमै तल राख्यो भने गांज बन्दैन । दुधको सतह देखि भित्रपट्टी करीब 1cm भित्र हालेर स्टीम आउने पाईपको मुखलाई ठिकपारी भांडा भित्रको हावालाई तानेर दुधको गांज निकान्छ ।

2) 우유의 움직임이 거칠어지고 손바닥이 미지근 해지면 손바닥을 피처 왼쪽으로 움직이고 스 팀완두를 더 깊게 넣어 거품과 우유를 섞어준 다. 왼손이 "앗 뜨거"(대략 55도 정도)를 느낄 때까지 거품과 우유를 섞는다.

दुध अनियन्त्रित तरिकाले चल्ने र हत्केला तातो तातो भएमा

हत्केलालाई भांडाको देब्रे साईडतिर सार्ने र स्टीम वाईण्डलाई अझ्झ भांडा भित्र हालेर गांज र दुधलाई घुलाउनु पर्छ । देब्रेहात "अहो कत्ति तातो" (लगभग ५५ डिग्री) महशुश भएसम्म गांज र दुधलाई घुलाउने ।

3) 피처를 2~3회 테이블에 내려쳐서 큰 거품을 없 애고 잔거품을 떠낸 후 회전시켜 우유와 거품을 섞어준다.

भाँडालाई २ देखि ३ पटक टेबलमा राखेर ठुलो गाँजलाई हटाएर स सानो गाँजलाई निकाले पश्चात घुमाएर दुध र गाँज घुलाउनु पर्छ ।

4) 부드럽고 매끄러우며 광택이 있어 느껴지는 촉감이 좋고 쉽 게 사라지지 않는 벨벳거품(velvetmilk, silky foam)을 부어 준다.

सिफ्ट र चिप्लो भई चमक दिन्छ र स्वादिष्टताको महशुश गराउँछ र सजिलै तवरले नविलाउने velvetmilk, silky foam हाल्ने ।

5) 초코액 등 다양한 소재를 부드러운 벨벳거품 위에 뿌리고 도 구를 이용하여 라떼 아트를 만들어준다.

चक्लेटको लिक्विड आदि विभिन्न कुराहरुलाई सफ्ट भेल्भेट फोम माथि राखी सामाग्रीहरुको प्रयोग गरी लात्ते आर्ट बनाईन्छ ।

제6장 커피 생두 이해하기

Chapter 6 Understanding coffee green beans

অধক্কয় 6 কফির সবুজ লতার ধারণা

भाग ट ग्रीन बीनको बारेमा जानकारी

บทที่ 6 มีความรู้ถึงเมล็ดกาแฟสด

커피나무의 재배
The cultivation of coffee trees
কফি গাছের চাষ
कफीको खेती
การเพราะปลูกต้นกาแฟ

1) 커피나무는 사시사철 푸른 상록수

Coffee trees are evergreen plants.

কফি গাছ চিরহরিৎ উদ্ভিদ

कफी बोट चाहि बाह्र महिना हरियो हुन्छ ।

ต้นกาแฟเป็นพืชป่าดิบ

2) 가늘고 긴 모양의 흰 꽃, 통통하고 약간 넓적한 모양의 우윳빛을 띠는 꽃

Thin and long white flower. Plump and wide shaped, milky colored flower.

পাতলা ও লম্বা সাদা ফুল। দ্বিধাহীনভাবে এবং চওড়া আকৃতির, দুধের মত রঙিন ফুল

मसिनो र लामो आकारको सेतो फूल, मोटोमोटो भई अलिक फराकिलो आकारको दुधीलो प्रकाश दिने फूल

ดอกไม้จะสีขาวบางและยาว มีรูปทรงที่ออบอ้วนและกว้าง ดอกไม้จะสีขาวขุ่น

3) 커피 열매에는 탄수화물, 단백질, 지방, 당분 등이 풍부하게 함유됨

Coffee berries contain carbohydrates, protein, fats, sugars, and etc.

কফি ফলগুলো ধারণ করে কাবোহাইড্রেট প্রোটিন, ফ্যাট , শর্করা ইত্যাদি

कफीको फलमा कार्बोहाईड्रेड , प्रोटीन , फ्याट, चिनीको पद्धार्थहरु पाईन्छ ।

กาแฟเบอร์รี่จะประกอบด้วย คาร์โบไฮเดรต โปรตีน ไขมัน น้ำตาลและอื่น ๆ

4) 커피 열매를 심어 발아시켜 옮겨 심음

Germinate coffee berries and transplant.

অঙ্কুরিত কফি অস্থর সরানো যায়।

कफी फललाई नर्सरीमा रोपी पछि विरुवा सार्नु पर्दछ ।

การเพราะปลูกผลกาแฟเบอร์รึ่ง

5) 커피 씨앗을 심으면 40~50일 지나야 싹 돋음

It takes 40~50 days for coffee seeds to sprout.

কফি বীজ অঙ্কুরিত করার জন্য 40~50 দিন সময় লাগে।

कफी बिउ रोपेको ४० देखि ५० दिन विते टुसा पलाउन थाल्छ ।

ใช้เวลา 40~50 วันเมล็ดกาแฟถึงจะงอก

6) 3~4년이 지나면 꽃 피고 열매 맺음(꽃이 열매가 되기까지 8~10개월이 소요)

After 3~4 years flowers will bloom and bear fruit. (It takes 8~10 months for the flower to fruit.)

3~4 বছর পর ফুল ফুটবে এবং ফল ধরবে (ফুল থেকে ফলের জন্য 8~10 মাস সময় লাগে)

३ देखि ४ बर्ष पछि फूल फुल्न थाल्छ र फल्छ । (फूल फल बनिसक्नको लागि ८ देखि १० महिना लाग्ने)

หลังจาก 3~4 ปีดอกไม้จะบานและเกิดผล(ใช้เวลา 8~10 เดือนกว่าเปลี่ยนจากดอกไม้เป็นผลไม้)

7) 1년에 두 번 꽃이 피므로 1년 2회, 12~15년 동안 수확 가능

Coffee trees bloom twice a year. Available to harvest for 12~15 years.

কফি গাছে বছরে ২ বার ফুল হয়। এর ফসল ১২-১৫ বছর পাওয়া যায়।

१ बर्षमा दुई पटक फूल फुल्ने भएकोले १ बर्षमा २ पटक,१२ देखि १५ बर्षसम्म फल दिन्छ ।

ต้นกาแฟจะออกดอกปีละสองครั้ง เก็บเกี่ยวและใช้เป็นประโยชน์ประมาณ 12~15 ปี

8) 커피가 오래되면 수분이 없어지고 갈색도 진해져 상큼한 신맛 없어짐

Old coffee changes color, lacks moisture, and the fresh sourness disappears.

পুরাতন কফির রং পরিবত্ন , আদ্রতার অভাব এবং সতেজ গান থাকে না।

कफी पुरानो भयो भने पानीको मात्रा कम हुन्छ र खैरोपन पनि गाढा हुन्छ र ताजिलो अमिलोपन हराउँछ ।

กาแฟที่อยู่นานจะเปลี่ยนสี ความชุ่มชื้นหายไป และความสดและความเปรี้ยวก็จะหายไปด้วย

※ 커피 벨트

Coffee belt

কফির অঞ্চল

कफी बेल्ट

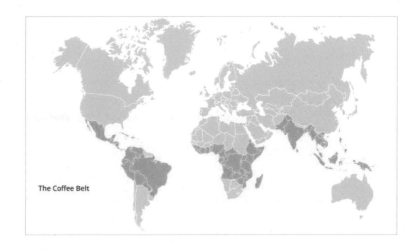

The Coffee Belt

• 남위 25도부터 북위 25도 사이의 열대 · 아열대지역으로 해발 200m~1800m

• Elevates 200m~1800m in tropical and subtropical region from 15 degrees south latitude and 25 degrees north latitude

• 15 ডিগ্রি দক্ষিণ অক্ষাংশ এবং 25 ডিগ্রী উত্তর অক্ষাংশ অথকে ক্রান্তীয় এবং প্রায় ক্রান্তীয় অঞ্চলে 200m~1800m নিণংয়করে।

• ยกระดับ200m~1800m ในภูมิภาคเขตร้อนและกึ่งเขตร้อนตั้งแต่ 15 องศาใต้ละติจูดและ 25 องศาเหนือเส้นละติจูด

• 기온 5도 이상 30도 이하, 연간 강수량 1300mm 이상으로 건기와 우기가 뚜렷한 지역

• Temperature above 5˚ and below 30˚, Above 1300mm annual rainfall where rainy and dry season is clear.

• 5° 위에 এবং 30° নিচে তাপমাত্রা, সবংপরি 1300mm বার্ষিক বৃষ্টিপাত ক্রমখানে বষংও শুষ্ক ক্রমসুম স্প গ্র

• อุณหภูมิสูงกว่า 5 องศาและต่ำกว่า 30 องศาหรือ 1,300 มิลลิเมตรปริมาณน้ำฝนประจำปีที่ฤดูฝนและฤดูแล้งเป็นทิ่งชัดเจน

• 비옥하면서 배수가 잘 되는 토양(화산 토양이 좋음)

• A well-drained fertile soil (prefer volcanic soil)

• **সুনিষ্কাশিত উবংরমাটি (আগ্নেগি রির মাটি)**

• समुद्र सतह २००मि. देखि १८००मि.,ताप ५ देखि ३० डिग्री भन्दा कम,बार्षिक १३०० मि.मि.पानीको मात्रा र हिउंद र बर्षा स्पष्ट राखै पानी नजमिने माटो हुनु पर्ने ।

• เนื้อดินดีที่สุดมสมบูรณ์คือเนื้อดินที่ชอบอยู่ตามภูเขาไฟ

• 고산지대일수록 고급 품종의 커피 생산(육질 단단, 조직 치밀, 향과 산미 우수)

• Advanced breed of coffee are produced in highlands (hard flesh, dense tissue, excellent flavor, and sourness)

• **উন্নত জাতের কফি উচ্চভূমিতে উৎপাদিত হয় (শ– মাংসল, ঘন টিস্যু, চমৎকার গণ, এবং অল্প)**

• उच्च धरातल भए भनै महंगो असल कफी उत्पादन (फल कसिलो, तत्वहरु मिलेको, वास्ना र अमिलो स्वाद उत्तम हुने)

• เกือบทุกสายพันธุ์ของกาแฟจะปลูกตามที่ราบสูง (เนื้อแข็ง หนาแน่น จะมีรสชาติที่เยี่ยมและมีรสเปรี้ยว)

커피의 품종
Coffee kinds
কফির ধরণ
কফীকা জাত
ชนิดของกาแฟ

1) 아라비카 커피

Arabica Coffee

Arabica Coffee

আরাবিকা কফী

กาแฟอาราบิก้า

(1) 에티오피아의 카파 지역에서 발견(원산지 : 아라비아 지역)

Found in Cappadocia region of Ethiopia. (Origin : Arabia)

ইথিওপিয়া এর কাপ্পাদকিয়া অঞ্চলে পাওয়া যায়। (সুড: আরব)

शुरुमा इथियोपियाको काफा क्षेत्रमा भेट्टाईएको (वास्तविक उत्पन्न क्षेत्र : अरेयिबा क्षेत्र)

พบในภูมิภาค แคปพาโดเชียใน เอธิโอเปีย (แหล่งกำเนิด - อาระเบีย)

(2) 전 세계 커피 생산량의 3분의 2, 아프리카 동부, 아시아 일부, 중남미 지역

Around 2/3 of the world's coffee production (East Africa, Some Asian, Central and South America)

বিশ্বের দুই-তৃতীয়াংশ কফির উৎপাদন হয় পূবং আফ্রিকা, এশিয়ার কিছু অংশে, মধ্য ও দক্ষিণ আমেরিকায়

विश्वको कुल कफी उत्पादनको तीन भागमा दुई भाग, पूर्वी अफ्रिका, एशियाका केही क्षेत्र, मध्य दक्षिण अमेरिकाका

क्षेत्रहरु पर्दछन् ।

ในรอบ 2/3 ของการผลิตกาแฟโลก (แอฟริกาตะวันออก, เอเชีย, อเมริกากลางและอเมริกาใต้)

(3) 부드러운 향기와 우수한 신맛 지님

Have excellent acidity and a soft scent.

চমৎকার অম্লতা এবং একটি নরম গাণ আছে

सफ्ट वास्ना र स्वादिष्ट अमिलो स्वाद भएको

มีความเป็นกรดที่ดีและมีกลิ่นหอม

(4) 높은 지역에서 재배될수록 품질 우수(600m~1800m, 서리 없고 일교차가 큼)

Quality is higher as it's from the higher area.

এর মান অনান্য উচ্চ অঞ্চল থেকেও বেশি

उच्च धरातलमा गरिने खेती स्वरुप गुणस्तर पनि उच्च हुने (६००० मि. देखि १८०० मि., तुषारो नपरी दिनकै मौसममा पनि ठूलो फरकता)

มีคุณภาพสูงกว่าเพราะมาจากพื้นที่ลาบสูง

(5) 짧지만 강한 햇빛, 서늘한 바람, 화산재가 덮여있는 배수가 잘 되는 비옥한 토양

It's best where there is short but strong sunlight, cool breeze.

এটা সবচেয়ে ভাল হয় যেখানেখুব অল্প কিন্তু প্রখর সূর্যেংরআলো, মৃদু বাতাস আছে।

छोटै समय भएता पनि चर्को घाम,चिसो हावा, ज्वालामुखीय खरानीले ढाकिएको र पानी राम्ररी सोस्सिने जमिन खेती योग्य हुने ।

คือจุดที่ดีที่สุดมีระยะสั้น แต่แข็งแรงทนต่อแสงแดดและสายลมเย็น

(6) 카페인 함량 0.9~1.3%, 지방 성분 16~18%

Contains 0.9~1.3% caffeine and 16~18% fat

এতে 0.9~1.3% caffeine এবং 16~18% চ্রমদআছে।

काफ्रीइन मात्रा ०.९ देखि १.३%, फ्याट १६ देखि १८%

มี 0.9~1.3% คาเฟอีนและ 16~18% ไขมัน

2) 로부스타(robust 강한, 단단한) 커피

Robusta Coffee

Robusta Coffee

रोबुस्ट —(कडा,कस्सिलो) कफी

กาแฟโรบัสต้า

(1) 아프리카 콩고가 원산지, 병충해에 강함

Originated from Congo, Africa, Resistance to pests.

কঙ্গো, আফ্রিকা, সহ্য করার ক্ষমতা অংকে কীট অংকে সম্ভূত।

अफ्रीका क ँगो यसको उत्पत्ती क्षेत्र, किटाणुहरुले सजिलै हानी पुर्याउने

กาแฟโรบัสต้านี้ต้นกำเนิดจาก คองโก, แอฟริกัน, ทนต่อแมลงศัตรูพืช

(2) 200~600m의 저지대에서 자라고 생산량이 많음

Grows in lowlands of 200~600m

200~600m নিম্নভূমিতে জন্মে

२०० देखि ६०० मि. कम क्षेत्रमा पनि पाईने र उत्पादनको मात्रा पनि धेरै हुने

ปลูกในที่ราบลุ่ม 200~600 เมตร

(3) 생산지 - 아프리카 중서부, 동남아시아, 브라질, 베트남, 인도네시아, 태국

Origin - Midwest Africa, Southeast Asia, Brazil, Vietnam, Indonesia, Thailand

উৎপত্তি - Midwest Africa, Southeast Asia, Brazil, Vietnam, Indonesia, Thailand

उत्पादन क्षेत्र - मध्यपश्चिम अफ्रिकी क्षेत्र, पूर्वीदक्षिण एशिया, ब्राजिल, भियतनाम, इण्डोनेशिया, थाईलैण्ड

แหล่งกำเนิด - มิดเวสต์แอฟริกา, เอเชียตะวันออกเฉียงใต้, บราซิล, เวียดนาม, อินโดนีเชีย, ไทย

(4) 좋은 신맛 거의 없고 쓴맛이 강하며 볶은 옥수수 냄새가 난다.

It lacks good sour smell; bitter taste is strong and smells like roasted corn.

এটা দাইন মৃদু গান নিগংতকরে, ক্ষুত দাদটা ভীষণ, এর গানটা ভাজা ভুট্টার মত।

मिठासिलो अमिलो स्वाद खासै नहुने तितो स्वाद मात्रै कढी हुने र भुटेको मकैको वास्ना आउने

ไม่มีกลิ่นเปรี้ยว มีรสขมและแรง กลิ่นเหมือนกลิ่นข้าวโพดคั่ว

(5) 인스턴트커피에 주로 이용, 카페인 함량 2~3%, 지방함량 11~13%

It's mainly used as instant coffee, contains 2~3% caffeine and 11~13% fat

এটা তাৎক্ষনিক কফি তৈরির জন্য ব্যবহৃত হয় যাতে ২-৩% এবং ১১-১৩% ফ্যাট আছে।

ईन्स्टन्ट कफीहरुमा प्राय प्रयोग गरिने, काफेईनको मात्रा २ देखि ३%, फ्याटको मात्रा ११ देखि १३%

มส่วนใหญ่เป็นกาแฟสำเร็จรูปจะประกอบด้วย คาเฟอีนประมาณ 2ถึง3% และ ไขมัน 11 ถึง 13%

※ 그 밖의 커피 종류

Other kinds of Coffee

অন্যান্য ধরনের কফি

यी बाहेक कफीका प्रकारहरु

ชนิดของกาแฟอื่นๆ

• 리베리카(아프리카 리베리아 지역) - 상품으로서의 가치가 없어 재배하는 곳이 드물다.

• Liberica (An area in Africa) – Unusual to find them growing because It is not useful as a product.

• Liberica (আফ্রিকার একটি অঞ্চল) – এদের বাড়ন্ত অবস্থায় পাওয়া খুব কঠিন কারণ এটা একটা পণ্য হিসেবে দরকারি নয়।

• रिबेरिका (अफ्रिका रिबेरिका क्षेत्र) गुणस्तरको रुपमा खासै नगनिने र खेती पनि खासै नगरिने ।

• Liberica (พื้นที่ในแอฟริกา)

• 아라부스타(아라비카와 로부스타의 교배종) - 두 종의 장점이 나타남, 콜롬비아 커피

• Aravusta (Combination of Arabica and Robusta) – Two advantages appear, Columbia coffee

• Aravusta (এরাবিকা এবং Robusta এর মিশ্রণ) – দুই ধরনের সুবিধা পাওয়া যায়, Columbia coffee

- आरिबुस्टा (आराबिका र रोबुस्टबाट निकालिएको जात) दुई जातको राम्रा पक्षहरु भएको, कोलम्बिया कफी

- อาราบัสต้า การผสมผสานอาราบิก้าและโรบัสต้า สองอย่างนี้อยู่ใน กาแฟโคลัมเบีย

콜롬비아산 아라비카 커피는 재배가 까다로워서 맛과 향이 우수하고 가격이 비쌈

Columbian Arabica coffee has great taste and smell but it's difficult to grow, so the price is high.

Columbian Arabica কফির দাদ ও গণ অনন্য কিন্তু এটা জন্মানো খুব কঠিন, তাই এর দাম ও উচ্চ।

कोलम्बियन आराबिका कफी खेत गिर्नको लागि गाढा पक्षहरु भएपनि स्वाद र वास्ना उत्तम र मुख्य महंगो

กาแฟโคลัมเบียมีรสชาติที่ดีและกลิ่นหอมแต่มีการปลูกแล้วเติบโตที่ยากแล้วก็มีราคาที่สูง

3) 세계 여러 나라의 커피들

Coffees from all around the world

সারা বিশ্বের কফি

विश्वका विभिन्न देशहरुका कफीहरु

กาแฟจากทั่วโลก

(1) 자메이카의 블루마운틴 - 커피콩이 크고 매끈, 색상이 선명, 향이 강하면서도 은은해서 진하게 추출해도 맛이 부드러움, 강하게 볶으면 풍미가 떨어짐, 품질에 비해 가격 비쌈

Jamaican Blue mountain - The bean is big and smooth. The color is vivid. Scent is heavy but delicate so the taste is soft even when extracted strongly. It loses its taste when you try it with a strong fire. It's expensive, considering its quality.

Jamaican Blue Mountain - এর লতা বিশাল ও মসৃণ। এটি উজ্জ্বল লরঙের। এর গণ গাঁড় কিন্তু তৃপ্তিকর। তাই এর দাদ ছাড়ানোর ক্লারও খুব হালকা। যখন তুমি এটা গভীর ভাঁজবে তখন এটা তার দাদ হারাবে। এর মান বিবেচনা করলে এতটি খুব দামি।

जमैकाको ब्लुमाउण्टीन कफीको आकार ठूलो र चिल्लो, रंग स्पष्ट हुने, वास्ना कडा भएतापनि मंगमंगाउने भएकोले कडा गरी निकाले पनि स्वाद सफ्ट, कडा गरी भुट्यो भने स्वादमा कमी आउने, गुणस्तर भन्दा मुल्य महंगो

จาเมกาภูเขาสีฟ้า – เมล็ดกาแฟใหญ่เรียบ,สีสดใส,กลิ่นแรง,แต่มีรสชาติที่นุ่มนวลมีกลิ่นแรงรสชาติจะสูญเสียเมื่อคั่วหนักใช้ไฟแรง แพง, โดยคำนึงถึงคุณภาพ

(2) 하와이의 코나 - 크기가 아주 크며 매끈하게 생김, 은은하지만 신맛이 강하고 포도주나 과일과 유사한 향기가 난다.

Hawaiian Kona - It's big in its size and has a smooth-looking shape. The taste is delicate but sour and strong. The scent is like wine or some other fruits.

Hawaiian Kona - এটি আকারে বড় ও দৃথতে মসৃণ। এর দাদ মৃদু কিন্তু সুগণি এবং ঘন। এর গাণ ওয়াইন অথবা অনান্য ফলের মত।

हवाईको कोना साईज एकदमै ठूलो र चिल्लो हुने, मंगमंगाए पनि अमिलोपन बढी र अंगुरको वाईन अथवा फलफूलसंग मिल्ने वास्ना आउने

ฮาวาย โคนา – ฮาวายโคนามีลักษณะขนาดใหญ่รูปร่างเรียบ.มีรสชาติที่ละเอียดอ่อนเปรี้ยวและแรง กลิ่นเหมือนไวท์และผลไม้บางอย่าง

(3) 푸에르토리코 커피 - 과일 같은 단맛과 향기가 나며 부드러우면서도 힘이 있다.

Puerto Rican Coffee - It has sweet taste like fruits. Soft but strong.

Puerto Rican Coffee - এর দাদ ফলের মত মিষ্টি। কমল কিন্তু কঠিন।

पुएरथोरिख कफी फलफूल जस्तै गुलियो स्वाद र वास्ना आउने र सफ्ट भएर पनि कडा हुने ।

กาแฟเปอร์โตริโก - กาแฟนี้จะมีรสชาติที่มีความหมือนผลไม้   อ่อนนุ่มนวลแต่แรง

(4) 코스타리카 SHB 커피 - 작고 단단하고 통통함, 조직이 치밀하고 우수한 신맛과 좋은 향기, 입안에 가득 차는 바디가 있다. 마시고 난 뒤 초콜릿 향이 난다.

Costa Rican SHB Coffee - Small, Solid and plump. It has a dense muscle and superior sour taste and great scent. You may feel the oceans in your mouth. You can taste chocolate-like scent at the end.

Costa Rican SHB Coffee - ক্ষাট, নিরেট এবং ক্ষমাটা। এটা একটি ঘন ক্ষশী এবং উচ্চতর টক দাদ এবং প্রচুর গাণ রয়েছে। মুখের মধ্যে সমুদ্রে মত অনুভব হবে। ক্ষশেষের দিকে ক্ষামার মুখে চকলেটের গাণের দাদ পাওয়া যাবে।

कोष्टारिका SHB कफी - सानो कस्सिलो हुने, उत्तम अमिलो स्वाद र मिठो वास्ना,मुखभित्र स्वादको महसुश (Body) बढि हुने । पिए पश्चात चक्लेटको जस्तो वास्ना आउने ।

กาแฟ คอสตาริกา SHB - เป็นกาแฟที่มีเนื้อแข็งแน่นและมีลักษณะอวบ จะมีรสชาติที่มีปรีวและมีกลิ่นที่มีความรู้สึกเหมือนนำมมหาสุทรอยู่ในปาก หรือลองกลิ่นของช็อกโกแล็ตในตอนจบ

(5) 과테말라의 안티구아 커피 - 콩의 크기가 크고 반짝이는 푸른색, 향긋한 맛과 좋은 신맛, 짙은 바디, 팽창이 잘 됨, 단품·배합용으로 이용하기에 적합.

Guatemalan Antigua Coffee - The bean is big and has a glittering blue color. It has a good scent and sour taste. It expands well. It's appropriate for the isolated or combined use.

Guatemalan Antigua Coffee - এর লতাটি বড় এবং ঝকঝকে নীল রঙ আছে। এটার গাণ ভাল এবং ক্ষঁতোদাদের । এটা আলভাবে ছড়ায়। এটি একড়ে ক্ষহারের জন্য যথেগ্ঠ।

ग्वाटेमालाको एन्टिकोआ कफी - फलको आकार ठूलो र टल्कने हरियो रंग, वास्नादार स्वाद र स्वादिस्ट अमिलो स्वाद, बाक्लो Body, मिक्सी गर्न प्रयोगको लागि ठिक

กาแฟแอนติกากัวเตมาลา – เมล็ดกาแฟจะใหญ่มีสีน้ำเงินที่ขาววับ มีกลิ่นดีและมีรสเปรี้ยว เมล็ดจะขยายตัวได้ดี เหมาะในการ
ใช้เป็น ตัวแยก หรือ รวมกัน

(6) 콜롬비아 커피 – 크고 녹색을 띠며 대체로 길고 조직이 치밀, 향이 부드럽고 쌉싸름한 맛이 좋다. 에스프레소 커피에 다소 강하게 볶은 콜롬비아 커피를 이용하면 향이 좋다.

Colombian Coffee – The bean is big and long. It has a green color and dense muscle. The scent is soft and the taste is bitter. You can have a good scent when you blend the espresso with strongly fried Colombian Coffee.

Colombian Coffee – এর লতাটি লম্বা এবং বড়। এর একটি সবুজ রঙের ঘন ক্রশী আছে। এর গাণটি নরম এবং দাদ তি–। যখন espresso কফির সাথে Colombian কফি ভালভাবে মিশানো হয় যার মধ্যে একটা সুগাণ আছে।

कोलम्बिया कफी ठूलो हरियो देखिने र लाम्चिलो र दाना कस्सिलो हुने, वास्ना सफ्ट र तितो तितो हुने मिठो स्वाद हुने । एस्प्रेस्सो कफी मा प्राय कडा डार्क गरी भुटेको कोलम्बिया कफी प्रयोग गर्यो भने स्वादिष्ट हुने

กาแฟโคลอมเบีย – เป็นกาแฟที่ใหญ่และยาว มีลักษณะสีเขียวและมีเนื้อที่แน่น มีกลิ่นหอมนุ่มนวลและมีรสขม คุณสามาร
ถได้รสถึงกลิ่นที่ดีได้เมื่อประสมประสานระหว่าง เอสเพรสโซ่ กับ กาแฟคั่วของโคลัมเบีย

(7) 브라질 커피 – 납작하고 둥근 편, 은피가 많음, 육질이 무르고 수분 함량이 낮다. 블렌딩에 많이 이용, 약간의 신맛, 맛과 향이 중성적

Brazilian Coffee – The bean is flat and round. It has lots of silver skin. It has a loose muscle and contains little amount of water. It is commonly used for blending. It has a sour taste. The taste and scent of this coffee is neutral.

Brazilian Coffee – এর লতা সমতল এবং বৃত্তাকার হয়। এতে প্রচুর রূপার স্ক রয়েছে। এতে একটা আলগা ক্রশী আছে যাতে সামান্য পরিমাণ জল রয়েছে। এটা সাধারণত ক্রমণ কাজের জন্য ব্যহার করা হয়। এর দাদ তি–। এই কফির দাদ এবং গাণ মৃদু।

ब्राजिल कफी – चेप्टो र गोलाकार, सिल्भर स्किन बढी हुने, दाना कमजोर र आर्दता कम हुने, ब्लेन्ड'मा धेरै प्रयोग हुने, थोरै अमिलो स्वाद

กาแฟบราซิล – เมล็ดกาแฟจะแบนและกลม ส่วนมากผิวเมล็ดจะสีเงิน เมล็ดจะมีเนื้อที่หลวมและมีน้ำน้อย ปกติจะนิยมผสมมา
กกว่า กาแฟมีรสชาติที่หอมเป็นกลาง

(8) 볼리비아 커피 - 청록색이 짙고 매끈하지만 약간 쓴맛이 강하다.

Bolivian Coffee - It has emerald color, strong and smooth shape. It also has a bitter taste.

Bolivian Coffee - এটা পান্না রঙ, শ-শালী এবং মসৃণ আকৃতি হয়। এর দাদ তি-।

बोलिभिया कफी गाढा हरियो रंग र चिल्लो भएता पनि थोरै तितो स्वाद बढी हुने

กาแฟโบลิเวีย – กาแฟโบลิเวียจะมีสีเขียวมรกต รูปทรงที่แข็งและเรียบ มีรสขม

(9) 에콰도르 커피 - 적당한 신맛, 향기가 좋음, 안데스 마운틴, 루비마운틴

Ecuador Coffee - It has sour taste and good scent. Andes Mountain and Ruby Mountain.

Ecuador Coffee - এটা টক দাদ এবং ভাল গাণ হয়েছে। আন্দিজ পবংতএবং ইবি পবংত

एक्वाडोर कफी ठिक्कको अमिलो स्वाद, वास्ना मिठो, आन्देश माउण्टेन, रुबी माउण्टेन

เอกวาดอร์กาแฟ – กาแฟนี้จะมีรสชาติที่เปรี้ยวและ กลิ่น หอม เทือกเขาแอนดีและภูเขารูบี

(10) 페루 커피 - 좋은 신맛과 우수한 바디, 부드러운 향, 청록색이며 크다.

Peruvian Coffee - It has a good sour taste and superior body, soft scent. The bean is big and has emerald color.

Peruvian Coffee - এটি দাদ টক এবং বাহ উচ্চতর, মৃদু গাণ রয়েছে। লতাটি বড় এবং পান্না রঙ এর।

ब्राजिल पेरु कफी स्वादिलो अमिलो स्वाद र उत्तम Body, मगमंगाउने वास्ना, निलोहरियो रंग हुने र ठूलो हुने ।

กาแฟเปรู – กาแฟนี้จะมีรสที่เปรี้ยวและมีรสที่ดีมาก มีกลิ่นที่หอมนุ่มนวล มีขนาดใหญ่และมีสีเขียวมรกต

(11) 베네수엘라 커피 - 녹황색, 부드러우며 약간의 신맛, 가벼우나 약간의 신맛.

Venezuelan Coffee - It has greenish yellow color. It also has soft and light but a litte bit sour taste.

Venezuelan Coffee - এটা সবুজাভ হলুদ রঙ। এটি মৃদু ও হালকা কিন্তু কিঞ্চিত টক দাদ এর হয়।

भेनेजुएला कफी – हरियोपहेलो रंग, सफ्ट हुने र थोरै अमिलो स्वाद

กาแฟเวเนซุเอลา – กาแฟนี้จะมีสีที่ค่อนข้างเขียวอมเหลือง มีรสชาติที่นุ่ม อ่อนแต่จะค่อนข้างเปรี้ยว

(12) 예멘 커피 - 자연산 커피, 크기가 작고 둥글며 황색이 진하다. 우수한 신맛, 독특한 과

일 향, 입안 가득히 남는 바디감.

Yemeni Coffee - Natural one. The bean is small and round and has strong yellow color. It has superior sour taste and unique fruit scent. It remains in your mouth.

Yemenia Coffee - প্রাকৃতিক এক। এর লতা ক্ষুদ্র এবং ক্রালাকার এবং রঙ গাড় হলুদ। এটা উত্তর টক দাদ এবং অনন্য ফল গাণ হয়েছে। এটা আপনার মুখের মধ্যে ত্রলগেথাকে।

र येमेन कफी प्राकृतिक कफी, साईज सानो र गोलो अनि पहेलो रंग कडा हुने । उत्तम स्वाद, विशेष किसिमको फलफूलको वास्ना, मुख भित्र रहिरहने body को महशुश

กาแฟเยเมนี – เป็นอีกหนึ่งในธรรมชาติเมล็ดจะเล็กและกลมจะมีสีเหลืองเข้มมีรสชาติเปรี้ยว มีกลิ่นผลไม้ที่เฉพาะตัว

(13) 에티오피아 커피 - 와인과 꽃향기, 우수한 신맛, 짙은 녹색, 볶으면 홈 속의 채프가 밝고 선명, 군고구마와 같은 꽃향기가 난다.

Ethiopian Coffee - It has wine-like and flower-like scent and superior sour taste. The bean has green color. Chaff becomes clear when fried. It has sweet potato-like scent.

Ethiopian Coffee - এটা ওয়াইন মত এবং ফুলের মত গাণ এবং উত্তর টক দাদ আছে। লতা সবুজ বণেঁর ভাজার সময় তুষ স্প গুছেয়ে ওঠে। এটা মিঠি আলুর মত গাণ।

ईथियोपिया कफी – वाईन तथा फूलको वास्ना, उत्तम अमिलो स्वाद, गाढा हरियो रंग, पोलेको सखरखण्डा जस्तो फूलको वास्ना आउने

กาแฟเอธิโอเปีย – กาแฟนี้จะมีกลิ่นเหมือนไวท์และดอกไม้มีรสชาติที่เปรี้ยวมากเมล็ดจะมีสีเขียวเมล็ดจะใสเมื่อคั่ว มีกลิ่นหวานเหมือนมันฝรั่ง

(14) 케냐 커피 - 약간 작지만 둥글고 통통한 편이며 녹색이 진함. 맛이 깨끗하고 힘이 있으며 포도주와 비슷한 상큼한 신맛이 난다.

Kenyan Coffee - The bean is small, round and plump and has heavy green color. It has neat, strong and sour taste like wine.

Kenyan Coffee - লতাটি ক্ষুদ্র বৃত্তাকার এবং দ্বিধাহীনভাবে গারও সবুজ রঙ এর। এটা ওয়াইন মত, ঝরঝরে শি-শালী এবং টক দাদ আছে।

केन्या कफी – थोरै सानो भएतापनि गोलो र पुष्ट साथै गाढा हरियो रंग हुने , स्वाद क्लिन र strength हुने र अंगुरको वाईन जस्तै फ्रेश अमिलो स्वाद हुने

กาแฟเคนย่า – เมล็ดจะเล็ก กลม และอวบ เมล็ดจะสีเขียวแก่ ลักษณะผิวเรียบแข็ง มีรสชาติที่นุ่มเรียวเหมือนไวท์

(15) 탄자니아 커피 – 케냐 커피보다 크고 넙적하며, 가운데 홈에 이중 모양, 깔끔한 향미와 꽃향기가 난다.

Tanzanian Coffee – It is bigger and flatter than Kenyan Coffee. It has two shapes in the middle and neat and flower-like scent.

Tanzanian Coffee – এটা ক্রকনিয়ার কফি তুলনায় বড় ও জপান হয়. এতে দুই ধরনের গাণ আছে যা মধ্ম এবং ঝরঝরে এবং ফুলের মত।

तान्जिनिया कफी – केन्या कफी भन्दा ठुलो र चेप्टो, बिचमा भागमा छुट्टीने आकार, स्वादिलो वास्ना र फूल बास्ना आउने

แทนซาเนียกาแฟ – มีลักษณะที่เรียบกว่ากาแฟเคนย่า มีรูปทรงที่อยู่ในระดับปานกลาง เรียบ กลิ่นเหมือนดอกไม้

(16) 부룬디 커피 – 깨끗하고 좋은 신맛과 바디가 있어 유럽에서 인기

Burundi Coffee – It has neat sour taste and body. Europeans love it.

Burundi Coffee – এটা ঝরঝরে টক দাদ এবং শরীর আছে. ইউরোপীয়রা এটা ভালবাসে।

बुन्दी कफी – क्लिन साथै स्वादिष्ट अमिलो स्वाद र body पनि भएकोले युरोपमा प्रख्यात

กาแฟบุรุนดี – กาแฟชนิดนี้มีรสชาติที่นุ่มเรียวและผิวเรียบ ชาวยุโรปจะชอบกัน

(17) 코트디부아르 커피 - 원두는 약간 갈색을 띠며 자연스러운 맛, 인스턴트용으로 사용

Ivory Coast Coffee - The bean has brown color and natural taste. It's often used for the instant coffee.

Ivory Coast Coffee - লতার রং বাদামী এবং প্রাকৃতিক দাদ। এটা তাৎক্ষণিক কফির জন্য ব্যবহৃত হয়।

कोटडीबुअर कफी प्राकृतिक स्वाद, ईन्सटन्ट कफीमा प्रयोग

กาแฟไอวอรี่โคสต์ – เมล็ดกาแฟจะสีน้ำตาลและมีรสชาติที่เป็นธรรมชาติ ก็มักจะใช้เป็นกาแฟสำเร็จรูป

(18) 르완다 커피 - 진한 맛과 신맛, 향이 우수하며 녹색을 띰, 중간 정도 크기, 주로 블렌딩 용으로 사용

Rwanda Coffee - It has strong and sour taste and superior scent and green color. The bean is normal in its size. It's usually used for the blending.

Rwanda Coffee - এটা গারও ও টক দাদের এবং উচ্চতর গাণ এবং সবুজ রঙ এর। এর লতার আকার দাভাবিক. এটি সাধারণত ব্লন্ডিং জন্য ব্যবহৃত হয়।

लुआन्डा कफी – कडा स्वाद र अमिलो स्वाद, वास्ना उत्तम र हरियो रंग हुने, मझौला आकार, प्राय ब्लेन्डको लागि प्रयोग

กาแฟ รวันดา – มีรสชาติที่เปรี้ยวแรง และกลิ่นหอมแรง สีเขียว ปกติ เมล็ดนี้จะใช้ในการผสม

(19) 짐바브웨 커피 - 케냐 커피에 버금가는 맛과 향을 지님

Zimbabwe Coffee - It has similar taste and scents to Kenyan one.

Zimbabwe Coffee - এটা Kenyan কফির অনুরূপ দাদ এবং গাণ।

जिम्बाब्वे कफी – केन्या कफी जस्तै स्वाद र वास्ना हुने

กาแฟซิมบับเว – กาแฟชนิดนี้มีรสชาติที่คล้ายๆกัน กลิ่นหอมเหมือนกาแฟแบบเดียวกับกาแฟเคนย่า

(20) 인도네시아 커피 - 술라웨시, 만델링, 토라자

Indonesian Coffee - Sulawesi, Mandheling Toraja

Indonesian Coffee - Sulawesi, MandhelingToraja

ईन्डोनेशिया कफी – सुलावस,मान्डेलि ,थोराजा

กาแฟอินโดนีเซีย – กาแฟจากเกาะสุราเวสี, โทราจา

(21) 인도 커피 - 신맛이 적으며 달콤한 맛이 강하다

Indian Coffee - It has less sour taste and strong sweet taste

Indian Coffee – এর টক দাদ কম এবং গারও মিষ্টি দাদের।

ईण्डियन कफी – अमिलो स्वाद कम हुने र गुलियो स्वाद बढी हुने

กาแฟอินเดีย – กาแฟอินเดียนี้จะมีรสชาติที่เปรี้ยวนิดหน่อย และ หวานมาก

(22) 파푸아뉴기니 커피 - 맑은 청색, 상큼한 신맛과 부드러운 맛

Papua New Guinean Coffee - It has clear blue color and soft but refreshing sour taste.

Papua New Guinean Coffee – এটা পরিষ্কার নীল রঙ এর এবং নরম কিন্তু সতেজ টক দাদ এর।

पप्आन्युगिनी कफी – उज्यालो निलो रंग, ताजा अमिलो स्वाद र सफ्ट स्वाद

กาแฟปาปัวนิวกินี – เมล็ดจะสีฟ้าใสและมีรสชาติที่อ่อนแต่เปรี้ยวและสดชื่น

(23) 태국 커피 - 대부분 로부스타 커피 생산, 우리나라에서 주로 수입

Thai Coffee - Thailand produces Robusta coffee. Korea imports it.

Thai Coffee – থাইল্যান্ড Robusta কফি উৎপাদন করে। কোরিয়া আমদানি করে।

थाईलैण्ड कफी – प्राय रोबुस्ट कफी उत्पादन, कोरियामा प्राय निर्यात

กาแฟไทย – เป็นผลกาแฟโรบัสต้า นำเข้าจากประเทศเกาหลี

(24) 베트남 커피 - 세계 2위 생산국, 크기가 작고 불량률이 높으며 맛이 싱겁다.

Vietnamese Coffee - The second largest country in terms of the production of coffee. The bean is small and has lots of deficiency. The taste is less salty.

Vietnamese Coffee – কফি উৎপাদনে দ্বিতীয় বৃহত্তম দেশা এর লতাটি ছোট এবং অভাব প্রচুর হয়েছে। এটি কম লবণা– দাদের।

भियतनाम कफी – विश्वमा दोस्रो स्थानमा उत्पादन गर्ने देश, साईज सानो र विग्रिने अवस्था बढी हुने र स्वाद खल्लो हुने ।

กาแฟเวียดนาม – เป็นประเทศที่ใหญ่อันดับสองในการผลิตกาแฟ เมล็ดจะเล็กและขรุขระ จะมีรสชาติที่กลืมนิดหน่อย

제7장 커피 볶기(로스팅)

Chapter 7 Coffee Roasting

অধ্যায় 7 - কফি ঝলসানো

ਭਾਗ ਠ ਕਫੀ ਰੋਸਟਿ ̈(Roasting)

บทที่ **7** การ**คั่**กาแฟ

01.

효과적인 볶기
Effective Roasting
কার্যকরভাবে ভাজা
রাম্রোসিং ভুটাই
การคั่วกาแฟอย่างมีประสิทธิภาพ

약하게 볶으면 커피의 향이 나지 않고 신맛이 강한 커피가 되며 강하게 볶으면 강한 향과 쓴맛이 나는 커피가 된다.

When roasted weakly it lacks the smell of coffee and instead there would be more sour taste. But when roasted harshly bitterness upgrades.

ভাজার সময় আস্তে আস্তে কফির গাণ দূর হতে থাকে ত্মখানে আরও টক দাদ থাকার কথা ছিল। কিন্তু যখন কড়াভাবে ভাজা হয় তখন এর তি–তা বাড়তে থাকে।

लाईट तरिकाले भुट्यो भने कफीको वास्ना नआई अमिलो स्वाद बढि हुने कफी हुने र डार्क गरी भुट्यो भने कडा वास्ना र तितो स्वाद आउने कफी बन्ने ।

เมื่อคั่วกาแฟอ่อนๆจะไม่มีกลิ่น แต่จะมีรสเปรี้ยวมากขึ้นแต่เมื่อคั่วกาแฟนานจะทำให้กาแฟมีรสขม

02.

물리적 변화
Physical Changes
শারীরিক পরিবর্ত
ভৌতিক তবরলে পরিবর্তন
เปลี่ยนแปลงทางกายภาพ

1) 생두의 색깔이 바뀌고 무게가 줄어들고 크기가 변하고 팽창하면서 소리가 남

The color of the bean changes, becomes lighter, size decreases, bean expands, and you would be able to hear a sound.

লতার রং পরিবর্তিত হয়ে উজ্জ্ব লহয় এবং লতার আকার ছড়িয়ে এর আকার কমতে থাকে এবং তুমি এতে একটা শব্দ শুনতে পাবে।

भुटदा ग्रीन बीनको रंग चेन्ज हुने र तौल घटे पनि साईज परिवर्तन भई फुल्लीदै गई आवाज निस्कन्छ

สีของเมล็ดกาแฟเปลี่ยน, น้ำหนักเบา, ขนาดลดลง, เมล็ดจะขยาย, และสามารถฟังเสียงที่เปลี่ยนแปลงไป

2) 무게는 20% 정도 줄어들고, 부피는 약 1.7배 커짐, 로스팅 하는 동안 두 번 팽창

The weight decreases 20%, volume increases 1.7 times, and expand twice when roasting

ওজন ২০% করে যায়, এর আকার ১.৭ গুণ ব্রড়ে যায়। আর ভাজার সময় ২গুন হয়।

तौल झण्डै २० प्रतिशत घट्ने, साईज झण्डै १.७ गुणा बढ्ने, रोस्टि गर्ने अवधिभर दुई पटक बढ्ने

น้ำหนักลดลงประมาณ 20%, ปริมาณเพิ่มขึ้น1.7เท่า, มีการเพิ่มขึ้นสองเท่าตัวเมื่อคั่วเสร็จ

3) 1차 크랙 – 굵게 튀는 소리(가운데 홈이 터지면서 나는 소리)

1st crack - A thick frying sound (Sound when the crack explodes)

1st crack - একটি ভাঁড়ি ভাজার শব্দ (বাড়ি বিস্ফোরণেরমত শব্দ)

पहिलो क्र्याक - मोट्टो पढकिने आवाज (विचको भाग फुटेर आउने आवाज)

เสียงแตกครั้งที่1 - เสียงเหมือนกำลังทอด เสียงเหมือนเมื่อบ้านระเบิด

4) 2차 크랙 – 콩 조직 전체가 갈라지는 소리(제대로 된 커피의 맛과 향이 나는 순간)

2nd crack - The sound of the bean itself dividing (When the proper taste and smell is found)

2nd crack - The sound of the bean itself dividing (যখন সঠিক দাদ এবং গণ পাওয়া যায়)

दोस्रो क्र्याक - कफीको दानाको सम्पूर्ण तन्तुहरु छुट्टीदा आउने आवाज (कफीबाट निस्कने मिठो स्वाद र वास्ना आउने बेला)

เสียงแตกครั้งที่2 เสียงถั่วมันแตกของมันเอง (เมื่อมีรสชาติที่เหมาะ สมและมีกลิ่นหอมที่สร้างขึ้นเอง)

03.

관능적 변화
Sensual Changes
বিলাসী পরিবর্তসমূহ
সেন্জিটিভ তরিকালে পরিবর্তন
กระตุ้นความรู้สึกเปลี่ยน

1) 신맛이 강하게 생겼다가 볶는 정도가 강해질수록 점차 사라짐. 떫은맛도 줄어듦

The sour taste decreases as the roasting gets stronger. The bitter taste decreases.

ভাজা কড়া হলে এর টক দাদ কমতে থাকে। তি– দাদও কমতে থাকে।

अमिलो स्वाद बढी मात्रामा उत्पन्न हुने र भुटाई बढी हुदै जांदा अमिलोपन विस्तारै हट्दै जाने । टर्रो स्वाद पनि घटने ।

เมื่อคั่วเมล็ดกาแฟหนัก จะทำให้รสชาติความเปรี้ยวลดลง และความขมก็จะลดลง งด้วย

2) 쓴맛은 신맛이 사라질 즈음 생겨나 점점 강해짐

The bitterness emerges as the sour taste disappears.

তি–তা ব্রডেটক দাদ কমতে থাকে।

तितो स्वाद चाहि अमिलोपन हट्दै जाने बेलामा उत्पन्न हुने र झनझन बढी हुने

ความขมจะออกมาความเปรี้ยวก็จะเริ่มหายไป

3) 향 – 처음에는 풋내와 고소한 냄새, 나중에는 구수한 냄새

Scent - First you would smell freshly cut grass and a spicy fragrance, later a delicate smell.

সুগণ –প্রথমে ঘাস কাটার সতেজ সুবাস এবং মশ্লাদার সুগাণ এবং পরে উপাদেয় গাণ পাওয়া যায়।

वास्ना – शुरुमा घांस जस्तै र मंगमंगाउने वास्ना , पछि झन मंग वास्ना आउने

กลิ่น – กลิ่นเหมือนกลิ่นสดที่ตัดหญ้ามาใหม่ๆ และกลิ่นหอมเผ็ด หลังจากนั้นมีกลิ่นอ่อนๆ

04.

화학적 변화
Chemical Changes
রাসায়নিক পরিবর্তসমূহ
रसायनिक तरिकाले परिवर्तन
การเปลี่ยนแปลงทางเคมี

1) 9~12%였던 수분은 1% 내외로 줄어 듦

   9~12% of the moisture decreases to 1%

   আদ্রতা ৯~১২% ক্রমে কমে ১% এ ক্রমে আসে।

   कफीमा हुने ९ देखि १२ प्रतिशत आर्द्रता १ प्रतिशत जतिमा घटने

   9~12% ของความชื้นลดลง 1%

2) 탄수화물은 여러 가지 향미 물질로 변함

   Carbohydrate changes to various kinds of taste

   Carbohydrate পরিবর্তিত হয়ে বিভিন্ন দাদ সৃষ্টি করে

   कार्बोहाईड्रेड चाहि विभिन्न प्रकारको स्वादिष्ट वास्नाको पढार्थमा परिवर्तन हुने

   คาร์โบไฮเดรตเปลี่ยนแปลงทำให้มีรสชาติที่หลากหลาย ชนิด

3) 캐러멜화 과정 – 갈색이 생기고 열축합 · 중합반응으로 커피 특유의 향미와 맛이 생김

   Caramelized process – becomes brown. The unique smell of coffee and taste appears by polymerization.

   Caramelized প্রক্রিয়া - বাদামি রঙের হয়। Polymerization এর দ্বারা অনন্য গণ ও দাদ তৈরি হয়।

   केरमेल हुने प्रोसेस – खैरो रंगमा परिवर्तन हुने र तापको चापको कारण कफीको विशेष वास्ना र स्वाद उत्पन्न हुने

4) 지방과 단백질은 함량이 약간 증가, 강하게 볶으면 지방 성분이 밖으로 새어 나옴

Fats and protein increases a little, when roasted strongly the fat matter leaks out

চবিও ক্রোটিন সামান্য পরিমানে বাড়ে, যখন গাড় ভাবে ভাজা হয় তখন চবিগ্রবরিয়েআসে।

बोसो र प्रोटिनको मात्रा चाहि केही बढने,डार्क रोस्टि॰ गर्यो भने बोसो तत्व बाहिर निस्कने हुने

ไขมันและโปรตีนเพิ่มขึ้นเล็กน้อยเมื่อคั่วหนัก ไขมันรั่วไหลออกมา

5) 로스팅이 끝난 원두는 빨리 냉각시켜야 한다.

Coffee beans should be cooled immediately after roasting.

কফি লতা ভাজার পরপর ই ঠাণ্ডা করতে হবে।

रोस्टि॰ सके पश्चात भुटेको कफीलाई छिट्टै सेलाएर चिसो बनाउनु पर्ने

เมื่อคั่วเสร็จ เมล็ดกาแฟควรจะถูกระบายความร้อนทันทีหลังจากคั่ว

05.
로스팅 단계
रोष्टि¨ प्रोसेस

8단계 분류법			SCAA
단계	색	맛과 향	단계
라이트 (Light)	밝고 연한 황갈색	신향, 강한 신맛	Very Light
시나몬 (Cinnamon)	연한 황갈색	다소 강한 신맛, 약한 단맛과 쓴맛	Light
미디엄 (Medium)	밤색	중간 단맛과 신맛, 약한 쓴맛, 단향	Moderately Light
하이 (High)	연한 갈색	단맛 강조, 약한 쓴맛과 신맛	Light Medium
시티 (City)	갈색	강한 단맛과 쓴맛, 약한 신맛	Medium
풀 시티 (Full-City)	진한 갈색	중간 단맛과 쓴맛, 약한 신맛	Moderately Dark
프렌치 (French)	흑갈색	강한 쓴맛, 약한 단맛과 신맛	Dark
이탈리안 (Italian)	흑색	매우 강한 쓴맛, 약한 단맛	Very

८ अवस्थामा विभाजित अवस्था SCAA

अवस्था कलर स्वाद र वास्ना अवस्था

Light उज्यालो हल्का सुनौलो खैरो अमिलो वास्ना, बढि अमिलो स्वाद Very light

Cinnamon हल्का सुनौला खैरो कडा अमिलो स्वाद, थोरै गुलियो र तितो स्वाद Light

Medium चक्लेटी रंग मध्यम गुलियो स्वाद,थोरै तितो स्वाद र गुलियो वास्ना Moderately Light

High हल्का खैरो गुलियो स्वाद बढी, केही तितो स्वाद र अमिलो स्वाद Light Medium

City खैरो कडा गुलियो स्वाद र तितो स्वाद, केहि अमिलो स्वाद Medium

Full-City गाढा खैरो मध्यम गुलियो स्वाद र तितो स्वाद, केही अमिलो स्वाद Moderately Dark

French कालो खैरो कडा तितो स्वाद, केही गुलियो स्वाद र अमिलो स्वाद Dark

Italian Very कालो खैरो एक्दमै कडा तितो स्वाद, केही गुलियो स्वाद Dark

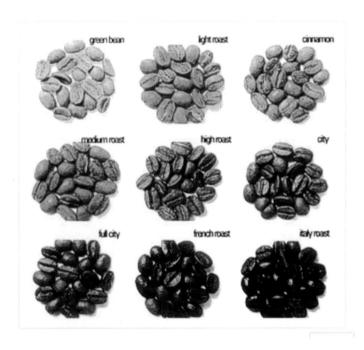

06.
로스팅기
रोष्टि¨ मेशिन

1) 직화식(conventional roasting) : 생두에 불이 직접 닿는다는 의미에서 직화식으로 표현, 그러
나 수망같은 소규모 로스팅 기구를 제외하고는 직접 불이 닿기보다는 드럼에 뚫려 있는 구멍
을 통해 불과 생두가 서로 보고 있다는 것이 더 적합한 설명이다. 직화식 로스팅은 개성적이
라는 표현이 있듯이 그만큼 로스터가 세심하게 볶아야 한다.

प्रत्यक्ष आगोमा रोष्टि¨ गर्ने विधी : ग्रीन बीनलाई प्रत्यक्ष आगोमा छुवाएर
गरिने भएर यस्लाई प्रत्यक्ष आगो रोष्टि¨ भनेको हो तर स्टीलका जाली
जस्तामा गरिने थोरै रोष्टि¨ गर्ने सामाग्रीहरु बाहेक अरु सामाग्रीहरुमा रोष्टि¨
गर्दा प्रत्यक्ष आगोमा भुट्नु भन्दा पनि ड्रममा भएको प्वाल मार्फत
आगो र ग्रीन बीनको सम्बन्ध हुने र भुटीने प्रकृया हुन्छ । प्रत्यक्ष आगोमा
रोष्टि¨ गर्ने विधी अनौठो र रमाईलो तरिका मात्र नभै रोष्टि¨ गर्दा निकै
ध्यान पुर्याउनु पर्ने हुन्छ ।

2) 인도 직화식

ईण्डियन प्रत्यक्ष आगो भुटाई विधी फोटो

3) 열풍식(rotating fluidized bed roasting) : 고
온의 열풍을 불어넣어 배전하는 방식이다.
고온의 고속 열풍에 의해 생두가 공중에 뜬
상태로 섞이고 볶이기 때문에 직화식보다
균일하게 볶을 수 있으며 배전시간도 빠르
다. 주로 대용량의 로스팅에 사용한다.

rotating fluidized bed roasting : उच्च ताप
दिई भुट्ने तरिका हो । उच्च तापको हावाले भुट्ने भएकोले प्रत्यक्ष आगो भुटाई भन्दा चारै तर्फ बराबरी तवरबाट
भुटिने र समय पनि कम लाग्ने । प्रायः धेरै परिमाणमा भुट्दा प्रयोग गरिने ।

4) 반열풍식(semi-rotating fluidized bed roa-
sting) : 드럼의 몸체에 구멍을 뚫어 고온의
연소가스가 드럼 내부를 지나도록 한 것이
다. 팬이나 모터를 이용해 연소가스를 강제
로 불어넣는 방식, 고온의 연소가스를 재활
용하여 열효율을 높인 것 등이 있다. 일반적
으로 소규모 매장에서 많이 사용한다.

semi-rotating fluidized bed roasting :
भुट्ने ड≪ममा भएको प्वालबाट उच्च ताप भएको तातो हावा पस्ने हुन्छ । पंखा कित मोटरलाई प्रयोग गरी
जबस्जस्ती हावा दिईने तरिका , साधारणतया साना पसलहरुमा धेरै प्रयोग गरिन्छ ।

07.
반열풍식을 이용한 커피 로스팅 실제
semi-rotating fluidized bed roasting
को विशेषता

1) 예열 : 로스터기를 충분히 예열시킨다. 대략 195도에서 210도 사이(여름에는 높게 겨울에는 낮게 예열시킨다.)

ताप : रोष्टि" मेशिनलाई पूर्णतया तताउंछ ।

झण्डै १९५ डिग्री देखि २१० डिग्री विच (गर्मीमा उच्च र जाडो कम ताप दिने

2) 생두 투입 : 용량에 비해 적게 투입한다.

ग्रीन बीन हाल्ने : क्यासिटी भन्दा कम हाल्ने ।

3) 생두의 변화에 따른 온도조절 : 색깔, 크기, 냄새 등으로 보면서 온도와 공기배출을 조정한다.

हाल्न ग्रीनको परिवर्तित अवस्थाअनुसार ताप

कन्ट्रोल : कलर, साईज,वास्ना आदिलाई हेरी ताप र हावा बाहिर फाल्ने विषयलाई कन्ट्रोल गर्ने ।

(1) 처음에는 파란색 - 이 때는 수분을 충분히 배출시키도록 한다.

　शुरुवातमा निलो कलर – यो बेलामा कफीमा भएको
　पानीको मात्रालाई बढी मात्रामा निकाल्नु पर्ने ।

(2) 노란색으로 변한 것은 수분을 다 배출시켰다는 뜻으로 향기를 보존하도록 노력한다.

　पहेंलो कलरमा परिवर्तन भएको चाहि पानीको
　मात्रा सबै निक्लियो भन्ने बुभ्ने र वास्नालाई ध्यान
　दिने कोशिश गर्ने ।

(3) 195도 전후해서 1차 크랙이 생기면 충분히 생두가 터지도록 온도를 낮추고 가스배출을 열어준다.

　१९५ डिग्री अघिपछि पहिलो फुटाई शुरु हुने र प्रर्याप्त
　मात्रामा ग्रीनबीनलाई फुट्न दिनको लागि
　तापलाई घटाई ग्यांस बाहिर जान दिन खोलिदिने ।

(4) 중간 정도의 온도와 공기배출로 2차 크랙을 유도한다.

　मध्ययम खालको ताप र हावा निकाल्ने तरिकाद्वारा
　कफीको दोस्रो फुटाई गर्नको लागि कोशिश गर्ने ।

(5) 2차 크랙을 한 후 공기배출을 최대한으로 하고 원하는 로스팅단계까지 세심하게 기다린다.

दोस्रो फुटाई पश्चात पुर्णतया हावा निकाल्ने गर्ने र चाहेको रोस्टि¨ लेबलसम्म ध्यान दिई पर्खनु पर्छ ।

(6) 원두 배출과 냉각 : 원하는 단계까지 로스팅이 되었으면 재빨리 원두를 배출하여 냉각시킨다.

भुटिएको कफी निकाल्ने र चिस्याउने : चाहेको लेबल अनुसारको भुटाई भएमा तत्कालै भुटेको कफीलाई निकाली चिस्याउनु पर्ने ।

제8장 커피와 어울리는 사이드 메뉴

Chapter 8 The side dishes of Coffee

অধ্যায় 8 The side dishes of Coffee

भाग ड कफीसंग सुहाउने साईड मेनु

บทที่ 8 ขนาดของถ้วยกาแฟ

01.

팬케익 만들기
How to make Pancake
Pancake তৈরি করা
पेनकेक बनाउने तरिका
วิธีการทำแพนเค้ก

재료 : 달걀 한 개, 박력분 75g, 우유 90g, 설탕 20g, 버터 15g, 바닐라오일 약간

Ingredients : one egg, weak flour(75g), Milk(90g), Sugar(20g), butter(15g) and Vanila oil

উপকরণ : একটি ডিম, হালকা ময়দা (75g), দুধ (90g), চিনি (20g), মাখন (15g) এবং Vanila তেল

सामाग्री : अण्डा एउटा , सफ्ट मैदा ७५ ग्राम,दुध ९० ग्राम,चिनी २० ग्राम,बटर १५ ग्राम,भेनिला तेल थोरै

ส่วนผสม : ไข่ 1 ฟอง,แป้งละเอียด(75g), นม(90g), น้ำตาล(20g), เนย(15g) and น้ำมันวานิลา

1) 계란의 흰자를 볼에 넣고 풀어주고, 설탕의 1/2을 넣어 단단한 머랭을 만든다.

Put the egg white in a bowl and whisk it. Put half of the sugar in it and make a solid meringue.

ডিমের সাদা অংশ একটি গামলায় রেখে ঝাঁকও। অর্ধেক পরিমান চিনি এতে রেখেডিমের সাদা অংশের শ– মিশ্রণ বানাতে হবে।

अण्डाको सेतो भागलाई बोलमा राखी घोल्ने र आधा भाग चिनी हाली कडा कडा मरे" बनाउने ।

ใส่ไข่ลงไปในถ้วยแล้วผสมให้เข้ากัน ใส่น้ำตาลไปครึ่งหนึ่งทำเป็นขนมเมอร์แรงเป็น (ครีม)

2) 노른자를 다른 볼에 넣어준 뒤 나머지 설탕을 넣고 거품을 낸다.

Put the egg yellow in the other bowl and put the rest of the sugar and make bubble.

ডিমের হলুদ অংশ অন্য গামলায় রেখে চিনির বাকি অংশ দিয়ে ফেনা জাতিয় বুদবুদ তৈরি করতে হবে।

अण्डाको पहेंलो भागलाई अर्को बोलमा हाली बाकी आधा भाग चिनीलाई हालेर घोल्ने र गाज बनाउने ।

นำไข่เหลืองใส่ถ้วยแยกไว้ นำน้ำเชื่อมที่เตรียมไว้คนให้เกิดฟอง

3) 2)에 우유를 두 번 넣어주고, 가루류(박력분, 소금)을 체 쳐 넣어 잘 섞는다.

Pour milk twice in 2) put the powder kinds (weak flour and salt) and mix them well.

দুধ দুইবার ঢেলে এতে দুই ধরনের পাউডার (হালাকা ময়দা ও লবণ) ঢেলে ভালভাবে মিশাতে হবে।

दुई नम्बरमा दुध दुई पटक हाल्ने , सफ्ट मैदा र नुन मिसाएर जालीमा हाली राम्ररी मिसाउने ।

เทนมใส่เข้ารวมกัน กับแป้งละเอียดและเกลือแล้วคนให้เข้ากัน

4) 1)의 머랭을 나누어 넣어가며 잘 섞는다.

Split the meringue 1) and mix it well

ডিমের জমাট মিশ্রণটি ঢুঙে এতে ভালভাবে মিশাতে হবে।

एक नम्बरको मरें"लाई भाग लगाएर राम्ररी मिसाउने ।

นำ เมอร์แรง (ครีมนัชตาล) ทับให้แตกแล้วผสมให้เข้ากัน

5) 약불로 달궈진 팬에 기름을 살짝 둘러 키친타월로 닦아낸다. (기름이 남아 있지 않도록 주의한다.)

When the pan gets heated pour some oil and wipes it with the paper towel. (Make sure you completely wipe the oil out)

কড়াই গরম হবার পর এতে কিছু ঢালো ঢেলে কাগজের তয়লা দিয়ে মুছো। (এটা নিশ্চিত কর যে ঢালো ভালভাবে মুছা হয়েছে)

कम आगोमा फ्राईपेनमा थोरै तेल हाल्ने र किचेनटावलले पुछ्ने । (तेल हुन नहुने कुरालाई ध्यान दिनु पर्ने)

เมื่อกระทะร้อนเทน้ำมันใส่จากนั้นนำผ้ากระดาษที่เตรียมไว้มาเช็ดให้สะอาด

6) 적당량의 반죽을 팬에 넣고 굽는다. 반죽 위로 기포가 올라오면 반죽을 뒤집어 준다. (여러 번

113

뒤집으면 얼룩이 생기므로 한 번에 뒤집는다.)

Put a spoonful of batter on the pan and bake it. When you see the air of the batter you may flip it over. (If you flip the batter several times it may get stains so you'd better flip it just once)

বাটারের পূণংএক চামচ কড়াই এ ঋলেছাকুন। যখন ইটি ফুলে উঠবে তখন এটি উল্টিয়েদিতে হবে। (ইটিটি বারবার উল্টালেদাগ পরে ঋমতেপারে তাই ইটি একবার ই উল্টানোভাল)

ठिक्कले गुनेकोलाई फ्राईपिनमा राखी पोल्ने । फुल्लिएर आयो भने अर्को पाटो पाल्टाउनु पर्ने । (धेरै पटक पल्टायो भने टाटेपाटे हुने भएकोले एकपटक पल्टाउने)

ใส่เนย 2 ช้อนเต็มๆแล้วใส่ลงบนกระทะร้อน สังเกตดูเนยถ้าเคือดมีควันออก ก็พอ

02.

숏브래드 만들기
Short bread
ছোট রুটি
सर्ट ब्रेड बनाउने तरिका
ขนมปังรสหวาน

재료 : 버터110, 설탕 75, 소금 약간, 박력분 100, 달걀 1/2개, 바닐라익스트렉 1/2작은술

Ingredients : a half egg, weak flour (100g), A bit of salt, Sugar (75g), butter (110g) and a half a spoonful of Vanilla extract.

উপকরণ : দুইটা ডিম, হালকা ময়দা (100g), সামান্য লবণ, চিনি (75g), মাখন (110g) এবং একটি চামচের অর্ধ চামচ Vanila

सामग्री : बटर ११० ग्राम, चिनी ७५ ग्राम, नुन थोरै, सफ्ट मैदा १०० ग्राम, अण्डा आधा, भेनिलाएक्सट्रेक्ट आधा सानो चम्चा

ส่วนผสม : ไข่ครึ่งฟอง , แป้งละเอียด 100 กรัม, เกลือเล็กน้อย, น้ำตาล 75 กรัม, เนย 110 กรัม พืสกัดจากวานิลาประมาณครึ่งช้อนโต๊ะ

1) 체 친 가루 재료(밀가루, 소금, 설탕)를 버터와 함께 짧게 끓여가며 섞어준다.

   Boil the powder kinds (flour, salt and sugar) with butter shortly and mix them well

   চিনি, লবণ ও ময়দার গুড়া বাটারে মিশিয়ে অল্প সময় সিদ্ধ করতে হবে।

   मैदा,नुन,चिनी मिसाएर बनाएको आटालाई बटरसंग संगै मिलाउदै उमाल्ने ।

   ต้มจำพวก แป้ง, เกลือ, น้ำตาล และเนยจากนี้ผสมให้เข้ากัน

2) 달걀과 바닐라익스트렉을 넣고 손으로 섞어 소보루 상태를 만든다.

   Put egg and Vanilla extract and mix them well with your hands until it becomes sober status.

ভ্যানিলা নিক্স ও ডিম একড়ে নিয়ে হাত দিয়ে Soboro মিশ্রণ না হওয়া পযংন্তমিশাতে হবে।

अण्डा र भेनिलाएक्सट्≪ट हाली हातले मिसाउने ।

ใส่ไข่ และสารสกัดจากวานิลา ใช้มือผสมให้เข้ากันจนกระพัมหมือน โซบุรุ (ขนมปังโซบุรุ)

3) 2)의 반죽을 볼에 담아 둥글게 뭉쳐 반죽하여, 기름종이를 깔아둔 틀에 담고, 스푼으로 윗면
   이 평평하도록 꾹꾹 눌러 펴준다. (표면이 울퉁불퉁 두께가 다르면 익는 시간이 다르므로 가
   급적이면 평평하게 맞춰주는 센스.)

Put batter in a bowl and make round shape. Once you've done it, put the batters on
the pan, which has oilpaper on it, and press them to make the batters become flat.
(If the batters are not flat it would get cooked at different time)

বাটার একটি গামলায় ঝ্রথে ক্রাল ক্রাল করতে হবে। এটি করা ক্রষ হলে হলে বাটারগুলো ক্রম কড়াই এ
ক্রল যু- কাগজ আছে ক্রই কড়াই এ রাখে বাটার সমতল না হওয়া পযংন্তচাপতে হবে। (ইটিগুলো
সমতল না হলে এদের ভিন্ন ভিন্ন সময়ে রান্না করতে হবে)

दुई नम्बरलाई बोलमा राखी गोलो गोलो बनाएर मुच्ने, ओईल पेपर ओछ्याएको भांडामा राख्ने, चम्चाले माथिल्लो
भागलाई सम्म हुने गरी दबाएर मिलाउने र फैलाउने । (बराबर गरी सम्म पारिएन भने कुनै भाग बाक्लो र कुनै
भाग पातलो हुने हुदा पाक्ने समय फरक फरक हुन गई एकनासे नहुने हुदां मिलाउने सेन्सको आवश्यकता)

ใส่แป้งเข้าไปในถ้วยแล้วนวดให้เป็นรูปวงกลม เมื่อเสร็จให้ใส่เข้าไปในเครื่องอบพร้อมนำกระดาษมันมารองไว้ (จากนั้นกดแ
ป้งหัยแบน ถ้าแป้งไม่แบนอาจจะทำให้สุกช้าและใช้เวลานาน)

4) 굽기 전, 반죽에 칼집을 낸 후, 젓가락으로 구멍을 낸다. 170도로 예열해 둔 오븐에서 30~40
   분간 윗부분이 연한 갈색이 될 때까지 굽는다.

Before you bake them, slice the batter and make holes with chopstick. Bake them in
170 celcius for 30~40 minutes until you see the bread gets brown.

ক্রুকার আগে বাটারগুলো টুকরা-টুকরা এবং চপ্স্টিক এর মত গজ করতে হবে। ইটি গুলো বাদামি
হওয়া পযংন্ত১৭০° ক্রলসিয়েস তাপমাড়ায় ৩০-40 মিনিট গরম করতে হবে।

116

पोल्नु भन्दा अघि मुछेको आटोमा चक्कुले थोरै थोरै धार लगाए पछि चपस्टिकले प्वाल पार्ने । १७० डिग्रीले तताएको ओभनमा ३० देखि ४० मिनेटसम्म हल्का खैरो कलर नहुन्जेलसम्म पोल्ने ।

ก่อนที่จะอบ แบ่งแป้งเป็นชิ้นๆจากนั้นทำรูไว้ตรงกลางโดยใช้ตะเกียบ อบโดยใช้ความร้อน ประมาณ องศาเซลเซียสเป็นเวลา 30~40 นาที จนกระทั่งขนมปังเปลี่ยนสีเป็นสีน้ำตาล

5) 잘 구워진 숏브래드를 식혀 칼집을 따라 잘라 완성한다.

Slice the short bread with a knife.

ক্রাটই টিগুলো চাকু দিয়ে টুকরা টুকরা করতে হবে।

राम्ररी पकाएको सर्ट ब्रेड सेलाए पछि लगाएको च.क्कुको धार अनुसार काटे पछि कार्य पुर्ण हुने ।

จากนั้นก็หั่นขนมปังหวานด้วยมีดทิ้งตรียมไว้

03.

토달볶(토마토 달걀볶음)
Roasted tomato and egg
টমেটো ও ডিমের ভাজা
থোদাল্ফোক্
มะเขือเทศย่างและไข่

재료 : 방울토마토 약 8개, 달걀 2개, 소금 약간, 파슬리 약간, 오일, 햄

Ingredients : two eggs, eight cherry tomatoes, A bit of salt, A bit of parsley, oil and Ham

উপকরণ : দুটি ডিম, আটটি চেরি টমেটো, সামান্য লবণ, সামান্য পারসলি, তেল এবং Ham

सामाग्री : सानो खाले गोलभेडा ८ वटा, अण्डा २ वटा,नुन थोरै, पार्सली थोरै, तेल,हेम

ส่วนผสม : ไข่ไก่ สองฟอง, มะเขือเทศเชอรี่8 ลูก, เกลือเล็กน้อย, ผักชีฝรั่ง, น้ำมันแล้วก็แฮม

1) 계란을 볼에다 풀어 팬에 뒤지면서 익힌다.

   Put the eggs in a bowl and whisk them. After that, cook them on the pan.

   একটি গামলায় ডিমগুলো ঢেলে ঝাকুন। এরপর এদের কড়াই এ ভাজুন।

   अण्डालाई बोलमा हाली फिट्ने र फ्राईपेनमा टुक्रीने गरी पकाउने ।

   ใส่ไข่ไก่ลงในถ้วยแล้วผสม.   หลังจากนั้นใส่ลงในกระทะ

2) 방울토마토를 반씩 잘라 팬에 데친다.

   Slice the cherry tomatoes in half and blanch them on the pan.

   Cherry টমেটোগুলো দুটুকরা করে কড়াই এ ব্লজে সাদা বণংকইন।

   सानो गोडभेडालाई आधा हुनेगरी काटेर फ्राईपेनमा पकाउने ।

   หั่นมะเขือเทศเชอรี่ปีนครึ่งแล้ววางในกระทะ

3) 계란과 토마토를 섞어 소금으로 간을 하고 파슬리를 잘게 썰어 넣어 볶는다.

Mix the eggs and cherry tomatoes and put some salt on them. Fry them with chop-
ped parsley.

ডিম এবং চেরিটমেটোগুলো মিশিয়ে এতে সামান্য লবণ ঢালুন। তাদের টুকরো পাসংলেরসঙ্গে ভাজুন।

अण्डा र टमाटरलाई मिसाएर नुन हाल्ने र पार्सलीलाई मसिनो गरी काटेर भुट्ने ।

ผสมไข่กับมะเขือเชอรีงแล้วก็ใส่เกลือนิดหน่อย แล้วย่างพร้อมกับผักชีฝรั่งหั่นฝอย ตรียมไว้

4) 접시에 햄과 함께 담아낸다.

Put them on the dish with ham.

এবার চবিংমিশিয়ে পাড়ে ঢালুন।

प्लेटमा हेमसंग संगै राख्ने ।

หลังจากนั้นใส่ลงบนจานพร้อมกับแฮม

04.
기타
Etc...

1) **오트밀 쿠키**

Oatmeal Cookie

Oatmeal Cookie

ओटमिल कुकी

คุกกี้ข้าวโอ๊ต

2) **와플**

Waffle

Waffle

वाफल

วาฟเฟิล

3) **치즈케익**

Cheesecake

Cheesecake

चीज केक

ชีสเค้ก

4) 초코케익

Chocolate cake

चोको केक

ช็อกโกแลตชีส

5) 베이글

Bagel

बगेल

เบเกิล

6) 커피와 어울리는 다양한 메뉴 생각하기(아이스크림, 초콜릿 등)

Think of various menus that good match with coffee. (Ice cream, chocolate, etc)

चीज केक कफीसंग सुहाउदो विभिन्न प्रकारका मेनुहरु विचार गर्ने (आईसक्रिम, चक्लेट आदि)

เมนูต่างๆ ที่เข้ากับกาแฟ (ไอศครีม, ช็อกโกแล็ต, อื่นๆ)

5개국 언어로 배우는 **바리스타**

2019년 10월 29일 초판 1쇄 발행

지은이 | 최정의팔 박미성 김헌래
펴낸이 | 김영호
펴낸곳 | 도서출판 동연
주   소 | 서울특별시 마포구 월드컵로 163-3
전   화 | (02) 335-2630   전송 | (02) 335-2640
이메일 | h-4321@daum.net, yh4321@gmail.com
블로그 https://blog.naver.com/dong-yeon-press

ISBN 978-89-6447-535-5   03590